Marion Rolle

Weltreise einer Jeans

Auf den Spuren unserer Kleidung

Mit einem Beitrag von Magda Schumacher

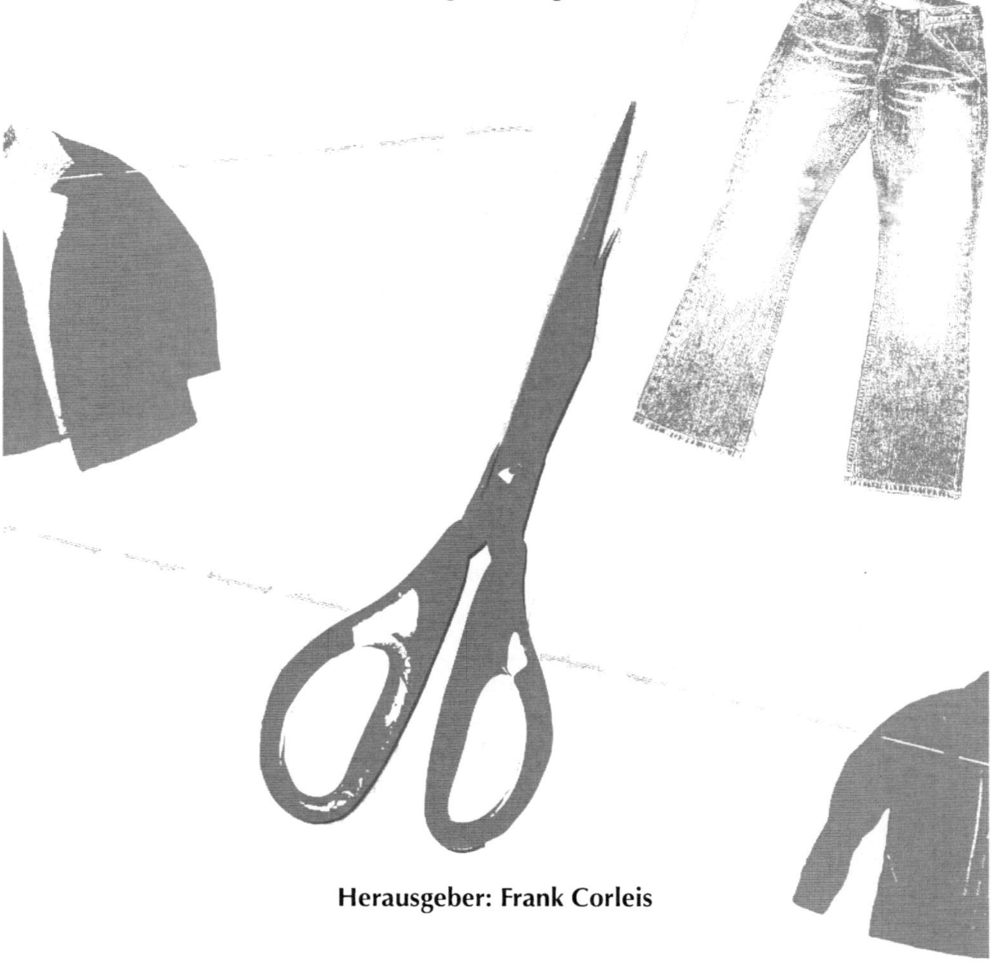

Herausgeber: Frank Corleis

edition erlebnispädagogik lüneburg

Schriftenreihe

KLEINE SCHRIFTEN ZUR ERLEBNISPÄDAGOGIK

– Band 36 –

Herausgegeben

von

Prof. Dr. phil. habil. PhDr. Jörg W. Ziegenspeck

UNIVERSITÄT LÜNEBURG

Fachbereich 1: Erziehungswissenschaft

BINGO! Die Umwelt Lotterie

Förderverein des SCHUBZ
Gemeinnütziger Verein e.V.

Diese Handreichung wurde mit finanzieller Unterstützung
der Niedersächsischen Umwelt-Lotterie BINGO!
und des Fördervereins des SCHUBZ ermöglicht.

Bibliographische Information der Deutschen Bibliothek

Die Deutsche Bibliothek verzeichnet diese Publikation
in der Deutschen Nationalbibliografie;
detaillierte bibliografische Daten sind im Internet über
http://dnb.ddb.de aufrufbar.

Druck und Herstellung: Books on Demand GmbH

ISBN 978-3-89569-074-0

Grafiken auf den Außenseiten: Annegret Kühne, Lüneburg
Satz & Layout: Holger M. Müller - print & web, Kassel
Lektorat: Monika Wolter, Lüneburg

Marion Rolle · Hg.: Frank Corleis

Weltreise einer Jeans

Auf den Spuren unserer Kleidung

Eine Einleitung

Noch leben und wirtschaften wir so, als sei die Erde ein Schlaraffenland. Dabei gehen die Rohstoffe zur Neige, das Ozonloch und die Wüsten wachsen und das Klima verändert sich.

Weltweit betrachtet ist Sicherheit ein Privileg für wenige, Elend der Alltag für viele. Der Abstand zwischen Arm und Reich wächst, so dass immer mehr Kinder in armen Ländern dazu verdienen müssen, um die Familie vor dem Verhungern zu retten.

Die Lebensweise in den Industrieländern ist durch umwelt- und gesundheitsschädigende Ressourcennutzung und Produktionsverfahren, hohen Konsum, Klimaschädigendes Verkehrsaufkommen und große und teilweise giftige Abfallmengen gekennzeichnet. Sie beruht zudem auf der Ausbeutung von Menschen, vor allem denen aus den Entwicklungsländern.

Die Vereinten Nationen haben für den Zeitraum 2005 bis 2014 die Weltdekade der Bildung für eine nachhaltige Entwicklung ausgerufen. Ziel der Bildung für eine nachhaltige Entwicklung ist es, den Einzelnen zu befähigen, aktiv und eigenverantwortlich die Zukunft mitzugestalten.

Die Dekade „Bildung für eine nachhaltige Entwicklung“ will gemäß der Agenda 21 (Rio 1992) ermutigen, neue Wege zu gehen.

Die Ziele der Neuausrichtung der Bildung sind dabei:

- Kennenlernen und Umsetzen von umwelt- und gesundheitsverträglichen Produktions- und Konsummustern,
- fairer Handel,
- die Wahrung der Menschenrechte,
- Gerechtigkeit zwischen Gesellschaften und Generationen heute und in der Zukunft.

In diesem Sinne bezeichnet Prof. Dr. Gerhard de Haan, Vorsitzender des Nationalkomitees, „Gestaltungskompetenz“ als Schlüsselqualifikation, die Welt von morgen zu gestalten. „Als Gestaltungskompetenz wird die Fähigkeit verstanden, Wissen über nachhaltige Entwicklung anzuwenden und Probleme nicht nachhaltiger Entwicklung erkennen zu können. Das heißt aus Gegenwartsanalysen und Zukunftsperspektiven Schlussfolgerungen über ökologische, soziale und ökonomische Entscheidungen treffen, verstehen und individuell, gemeinschaftlich und politisch umsetzen zu können, mit denen sich der nachhaltige Entwicklungsprozess verwirklichen lässt.“ Zehn Teilkompetenzen bilden wesentliche Bestandteile von Gestaltungskompetenz.[1]

1 De Haan, Gerhard (2006): BLK Transfer 21 Programm.

Schulische Bildung und zehn Teilkompetenzen als Schlüssel zu einer nachhaltigen Entwicklung:

Klassische Kompetenzbegriffe	Kompetenzkategorien laut OECD (2005)	Teilkompetenzen der Gestaltungskompetenz
Sach- und Methodenkompetenz	**Interaktive Anwendung von Medien und Mitteln** Fähigkeit zur interaktiven Anwendung von Sprache, Symbolen und Text Fähigkeit zur interaktiven Nutzung von Wissen und Informationen Fähigkeit zur interaktiven Anwendung von Technologien	Weltoffen und neue Perspektiven integrierend Wissen aufbauen Vorausschauend denken und handeln Interdisziplinär Erkenntnisse gewinnen und handeln
Sozialkompetenz	**Interagieren in heterogenen Gruppen** Die Fähigkeit, gute und tragfähige Beziehungen zu anderen Menschen zu unterhalten Kooperationsfähigkeit Fähigkeit zur Bewältigung und Lösung von Konflikten	Gemeinsam mit anderen planen und handeln können An Entscheidungsprozessen partizipieren können Andere motivieren können, aktiv zu werden
Selbstkompetenz	**Eigenständiges Handeln** Fähigkeit zum Handeln im größeren Kontext Die Fähigkeit, Lebenspläne und persönliche Projekte zu gestalten und zu realisieren Wahrnehmung von Rechten, Interessen, Grenzen und Erfordernissen	Die eigenen Leitbilder und die anderer reflektieren können Selbstständig planen und handeln können Empathie und Solidarität für Benachteiligte, Arme, Schwache und Unterdrückte zeigen können Sich motivieren können, aktiv zu werden

■ OECD (2005): The Definition and Selction of Key Competencies

■ Quelle: Tabelle aus:Herzlich Willkommen in der Schule, BLK Programm Transfer 21 (Hrsg.), 2006.

Viele Lehrkräfte in den Schulen stehen vor der Herausforderung, Schülerinnen und Schüler an globale Zusammenhänge heranzuführen und Kompetenzen zu vermitteln, mit denen die komplexen Aufgaben und Probleme jetzt und in der Zukunft zu bewältigen sind.

Neben einer Neuausrichtung der schulischen Lehrinhalte sind hierfür konkrete didaktische Ansätze notwendig, bei denen die Schülerinnen und Schüler aktiv in die Gestaltung des Unterrichts einbezogen werden und lernen, Lösungen im Sinne der nachhaltigen Entwicklung zu erarbeiten und umzusetzen.

Die ‚geliebten' Jeans, bestimmte Marken und Mode insgesamt nehmen im Leben von Kindern und Jugendlichen einen hohen Stellenwert ein. Das Thema „Kleidung" ist daher besonders geeignet, Schülerinnen und Schüler zu einer Auseinandersetzung mit globalen Verflechtungen zu motivieren und die Dimensionen einer nachhaltigen Entwicklung zu veranschaulichen.

Das Schulbiologie- und Umweltbildungszentrum (SCHUBZ) der Stadt Lüneburg hat im Rahmen des Projektes „Auf der Weltreise einer Jeans - auf den Spuren unserer Kleidung" das Thema „Textilien" sehr schülerorientiert als konkretes und erfahrbares Projekt aufgegriffen, um globale Verflechtungen für Schülerinnen und Schüler anschaulich zu verdeutlichen.

Das Projekt, das von der Niedersächsischen Lottostiftung (Bingo, Die Umweltlotterie) und vom Förderverein des SCHUBZ e.V. finanziert wurde, besteht aus vier verschiedenen Bausteinen, die alle vom SCHUBZ angeboten werden. Nähere Informationen zum Projekt und zur Anmeldung gibt es unter: www.schubz.de.

Bausteine des Projektes „Weltreise einer Jeans – auf den Spuren unserer Kleidung"

Mit dem Material- und Aktionsset „Baumwoll-Aktionskiste" können Lehrkräfte das Thema „Textilien" in einer erlebnis- und handlungsorientierten Weise im Unterricht umsetzen. Die im Rahmen des Projektes konzipierte Ausstellung stellt ein interaktives Lernarrangement dar, das sich insbesondere an Schülerinnen und Schüler der 5. bis 10. Klassen richtet. Einzelne methodische und inhaltliche Ausstellungsbestandteile sind auch für jüngere, andere auch für ältere Schülerinnen und Schüler geeignet. Die Materialien und Aktionsvorschläge bieten Schulklassen die Möglichkeit, selbst die Produktionstechniken im Umgang mit Wolle und Baumwolle kennenzulernen. Sie werden durch das aktive Tun zu Teppichknüpfern oder Jeansnäherinnen und können dadurch soziale Aspekte bei der Herstellung einer Jeans oder verwandter Produkte erahnen. „Kinderarbeit" und „Frauenerwerbstätigkeit" in Billiglohnländern als Teile der Globalisierung werden damit beispielhaft erfahrbar. Die textile Kette als Ganzes wird ebenso mit den Materialien und Methoden thematisiert und visualisiert.

Das pädagogische Projekt „Vom Schaf zur Wolle" bringt den Schülerinnen und Schülern Materialien wie Rohwolle und Stoffe in handlungsorientierter Weise näher. Die Schülerinnen führen Exkursionen zu Kooperationsbetrieben der Schafhaltung in der Lüneburger Heide oder zu landwirtschaftlichen Betrieben der Region durch. Dort wird der Rohstoff „Rohwolle" gewonnen und veredelt. Darüber hinaus erfahren die Schülerinnen und Schüler die in vielen Regionen typische alte Kulturtechnik des Filzens.

Mit einer zusätzlichen Fortbildung können interessierte Lehrkräfte tiefer in das Thema einsteigen, um es dann im Rahmen des Unterrichts eigenständig behandeln zu können.

Eine nachhaltige Schülerfirma bietet als Erweiterung des Projektes eine gute Möglichkeit, langfristig und über den normalen unterrichtlichen Rahmen hinaus, nachhaltige Entwicklung am Beispiel Textilien zu thematisieren. Schülerfirmen greifen das Thema „Textilien" als Firmenidee auf. Sie stellen Produkte aus Textilien her, recyceln Stoffe oder bieten als Dienstleister einen Reparatur- und Änderungsdienst an. Derzeit gibt es in Niedersachsen ca. 200 Schülerfirmen (Stand 2007, BLK Transfer 21-Programm, Land Niedersachsen). Die Schülerfirmen

richten sich neben der Berufsorientierung an den Leitlinien von Nachhaltigkeit aus und werden durch das BLK-Transfer 21 Programm (Bund-Länder-Kommission) vernetzt. Eine nachhaltige Schülerfirma ist dabei eine pädagogische Methode, in der es nicht primär um das Geldverdienen geht. Die Methode ermöglicht es, in einem wirklichkeitsnahen Umfeld wirtschaftliches Handeln und Denken in ökologischen und sozialen Zusammenhängen zu lernen. Nachhaltige Schülerfirmen nehmen darüber hinaus die Aspekte von Nachhaltigkeit in ihre Unternehmensstrategie auf. Die Schülerinnen und Schüler sollen über ihre Tätigkeit dafür sensibilisiert werden, dass auch die Umweltverträglichkeit, der sparsame Umgang mit Ressourcen sowie die Berücksichtigung sozialer Aspekte in Unternehmen wichtige Kriterien sind, damit die Firma dauerhaft und im Einklang mit der Umwelt, also nachhaltig, agieren kann.
Nähere Informationen zu nachhaltigen Schülerfirmen sind erhältlich unter: www.schubz.de oder www.nasch21.de.

Am Beispiel „Baumwolle“ werden die unterschiedlichen Dimensionen einer nachhaltigen Entwicklung mit Schülerinnen und Schülern dargestellt

Durch das Projekt wird beispielhaft verdeutlicht, dass eine Integration der Bildung für eine nachhaltige Entwicklung in den schulischen Regelunterricht und auch in die außerschulische Bildungsarbeit möglich ist. Die vier Dimensionen einer nachhaltigen Entwicklung zeigen sich beim Thema „Jeans“ in folgenden Facetten:

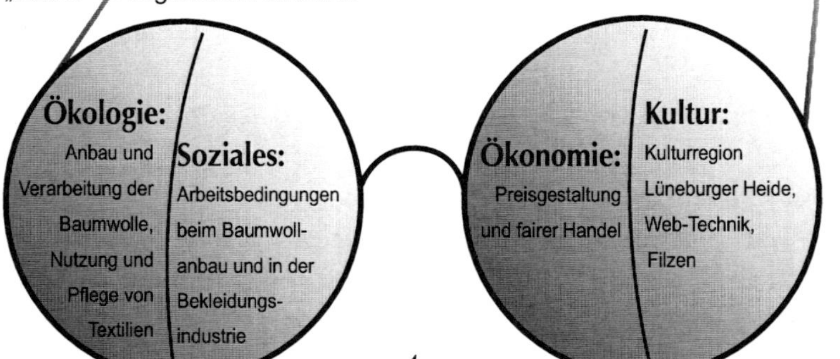

Dadurch können verschiedene Teilkompetenzen im Verständnis von Gestaltungskompetenz trainiert werden, welche auch als wesentliche Schlüsselqualifikationen der OECD im Zusammenhang mit PISA verstanden werden.

Mit der Themenwahl „Auf der Weltreise einer Jeans" werden folgende Teilkompetenzen zur Bildung einer Gestaltungskompetenz von Schülerinnen und Schülern angeregt und gefördert:

Weltoffen und unter neuen Perspektiven Wissen aufbauen
Das Thema „Auf der Weltreise einer Jeans" greift die Globalisierung beispielhaft anhand eines konkreten alltäglichen Konsumgutes auf. Jede Station der Weltreise wird dabei handelnd in der Baumwoll-Aktionskiste erfahren, so dass viele Perspektiven aus ganz verschiedenen Kulturkreisen eröffnet werden.

Vorausschauend denken und handeln können
Durch die während des gesamten Projektes gewonnenen Erkenntnisse und aufgezeigten Handlungsmöglichkeiten können die Schülerinnen und Schüler nachhaltig handeln. Sie wissen, welche Folgen der Konsum von konventionellen Textilien, zum Beispiel der Jeans hat.

Interdisziplinär Erkenntnisse gewinnen und dann handeln
Durch das Erkunden von Aspekten des Anbaus und der Verarbeitung der Baumwolle, der Nutzung und Pflege von Textilien, den Arbeitsbedingungen beim Baumwollanbau und in der Bekleidungsindustrie sowie der Preisgestaltung und dem fairen Handel werden interdisziplinäre Erkenntnisse gewonnen. Diese Erkenntnisse werden ergänzt durch eine für den Lüneburger Raum kulturhistorische Dimension: In der Vergangenheit der Lüneburger Heide hatte die Schafhaltung und in den Heidedörfern die Web-Technik und das Filzen eine große Bedeutung. Eine Themenbearbeitung aus verschiedenen Fächern heraus ist damit in dem Projekt in idealer Weise gegeben.

An Entscheidungsprozessen partizipieren können

Konsumentscheidungen selbst bewusst zu treffen, bedeutet, an globalen Entscheidungen teilhaben zu können. Indem die Schülerinnen und Schüler durch das Projekt erfahren, wo ihre Kleidung herkommt und wie sie produziert wird, können sie die Auswirkungen ihres persönlichen Einkaufs abschätzen und im Rahmen ihrer Möglichkeiten bewusst Kaufentscheidungen treffen.

Sich und andere motivieren können, aktiv zu werden

Durch die indoor-erlebnispädagogische Ausrichtung der Baumwoll-Aktionskiste als Mitmachausstellung und des Themas als Projekt, entwickelt sich eine hohe Motivation seitens der Schülerinnen und Schüler zu handeln. Auch die Betroffenheit über die ruinösen finanziellen Schicksale von Baumwollplantagen-Arbeiterinnen und -Arbeitern und über die verheerenden gesundheitlichen Schäden bei der Baumwollweiterverarbeitung bewirkt eine Motivation zum Handeln.

Die eigenen Leitbilder und die anderer reflektieren können

Über die Vielzahl der eingesetzten Medien werden kulturelle Hintergründe der beteiligten Menschen auf der Weltreise einer Jeans thematisiert.

Empathie und Solidarität für Benachteiligte, Arme, Kranke, Schwache und Unterdrückte zeigen können

Mit der Entscheidung über den eigenen Konsum sowie über das aktive Teilnehmen an Aktionen wie z.B. an der Kampagne für Saubere Kleidung[2] kann Einfluss auf die Zukunft genommen werden und zugleich Solidarität für Benachteiligte und Arme gezeigt werden.

2 Die deutsche Kampagne für »Saubere« Kleidung hat sich im Sommer 1996 gegründet und besteht aus einem Träger/innenkreis von derzeit 18 Organisationen sowie einem Aktiven-Kreis lokaler und regionaler Gruppen. Wichtigstes Instrument zum Erreichen ihrer Ziele ist der Aufbau von massiven öffentlichem Druck auf Einzelhandelsunternehmen der Bekleidungsbranche, damit sich diese ihrer sozialen Verantwortung stellen. Die Kampagne ruft nicht zum Boykott von Unternehmen auf, jedoch machen die beteiligten Gruppen und Organisationen auf vielfältige Weise Kritik und Forderungen öffentlich.

„Weltreise einer Jeans" als erlebnisorientierte Mitmach-Ausstellung?

Erlebnisse beinhalten Qualitäten, sie definierende Merkmale, welche sie für den Beteiligten zu einem, sich aus dem Alltag heraushebenden Ereignis machen. Schon allein aus der Wortbildung „erleben" und hier insbesondere der Verknüpfung der Vorsilbe „er" und dem Verb „leben" erklärt sich einiges über dessen Bedeutung. Während der Gebrauch des Verbs „leben" weder auf Anfang noch Ende noch Zweck hinweist, hebt sich „erleben" aus dem gewöhnlichen Lauf des Lebens heraus und bezeichnet einen intensiv wahrgenommenen Lebensmoment.[3]

Nicht jedes Erlebnis hat Erlebnisqualität und nicht jedes Erlebnis ist von außen durch eine Mitmach-Ausstellung im Unterricht planbar. Dennoch können sie aufgrund ihrer Entwicklungsfähigkeit vorbereitet und angebahnt werden. Auch in den Bereichen von kulturellen und künstlerisch definierten Lernräumen ist die Entwicklung und Gestaltung von Erlebnissen möglich.

Aus dem Blickwinkel des Begründungszusammenhanges von Leben, Ausdruck und Verstehen, in dem das Erlebnis steht, können kulturelle Güter als objektivierte Erlebnisse betrachtet werden. Im Sinne der Erlebnismethode W. Neuberts bekommt der Bereich der Förderung der persönlichen Ausdrucksfähigkeit für die erlebnispädagogische Erschließung kultureller, sozialer, ökonomischer und ökologischer Zusammenhänge, wie sie auch in der Mitmachausstellung repräsentiert werden, eine zentrale Bedeutung. Die Ausstellung als Teil des Projektes „Auf den Spuren unser Kleidung" kann mit seinem Betrachter in eine Beziehung gebracht werden, wenn dieser zuvor den dargestellten Erlebnisinhalt der Ausstellungstafel oder des Materials in eigener kreativer Tätigkeit auszudrücken versuchte. Ein Nacherleben und Empathieüben mit den Inhalten und Folgen der Globalisierung am Beispiel von Textilien kann hierdurch angebahnt und vorbereitet werden. Im Rahmen des ganzheitlichen pädagogischen Projektes im Unterricht können dann wirkliche persönliche Erlebnisse durch die vielfältigen situativen Lernanlässe erreicht werden. Die Mitmachausstellung „Auf der Weltreise einer Jeans" beinhaltet unterschiedliche Anschauungsobjekte, mit denen die Schülerinnen und Schüler die weit entfernte Wirklichkeit in ihrer Ganzheit erfahren können. Dadurch werden sie zur Entwicklung eines eigenen Verständnisses und zum Erschließen neuer Sinnzusammenhänge angeregt.

3 Vgl. Neubert, Waltraut, S. 70 ff., 1990.

Das bewusste Wahrnehmen von Wirkungszusammenhängen des persönlichen Konsums wird durch das Erleben der Materialien in der Ausstellung gefördert. Dieses ist die Voraussetzung für eine kritische Betrachtung der Thematik „Textilien" und bietet einen wichtigen Impuls für spätere Einstellungs- und Konsumveränderungen.

Jörg W. Ziegenspeck weist, bezogen auf den an dieser Stelle gewagten Exkurs zur Erlebnispädagogik, auf einen wichtigen Aspekt hin, der die Brücke zu einer Bildung für eine nachhaltige Entwicklung (BNE) schließt. Bei beiden pädagogischen Konzeptionen geht es um mehr. Es geht um situiertes Lernen in realen Zusammenhängen, um Erlebnisse der Gegenwart und Planung der Zukunft. Dafür bedarf es intensiver Reflexionsphasen, die bewusst und zeitlich kontinuierlich pädagogisch eingeplant werden müssen. Das Anbahnen und Inszenieren von Erlebnissen hat mediale Funktion[4]. Das Erlebnis dient der Verinnerlichung und Bereicherung, ja sogar als persönliche Erkenntnisvertiefung eines Jeden. Jeder Mensch braucht Erlebnisse, um Erfahrungen sammeln zu können, und aus beidem nähren sich Erkenntnisse. Damit kann ein Zugang zum Aufbau von Gestaltungskompetenz als das erklärte Ziel einer Bildung für eine nachhaltige Entwicklung geschaffen werden.

Diese Publikation „Weltreise einer Jeans – Auf den Spuren unserer Kleidung" ist als Dokumentation des Projektes und als didaktische und methodische Unterrichtshilfe für Lehrkräfte und Multiplikatoren entstanden. Mit ihr wird das Thema „Textilien" unter globalen Bezügen als „Weltreise einer Jeans" umfassend dargestellt. Ich bin den Autorinnen Marion Rolle vom Heinrich-Böll-Haus Lüneburg und Magda Schumacher vom SCHUBZ Lüneburg sehr dankbar, dass es gelungen ist, die im Rahmen des Projektes entstandenen Materialien, Anregungen und Erfahrungen in dieser Publikation zusammenzufassen.

Dadurch gelingt es, das Thema „Textilien" im Verständnis einer Bildung für eine nachhaltige Entwicklung umfassend und zugleich praxisnah allen Interessierten zugänglich zu machen.

4 Ziegenspeck, Jörg, W. in Neubert, Waltraut, 1990.

Die in der Publikation vorgestellten methodischen Angebote sind mit unterschiedlichen Schwerpunkten für Schülerinnen und Schüler von der 3. bis zur 10. Klasse geeignet.
Die Mitmach-Ausstellung in der Baumwollaktionskiste richtet sich allerdings eher an ältere Schülerinnen und Schüler, ab der 6. Klasse. Die zusätzlich in der Aktionskiste vorhandenen Materialien (z.B. Rohbaumwolle, Webrahmen, Stoffe, Spiele etc.) sind in allen Jahrgangsstufen einsetzbar.

Ich wünsche allen Leserinnen und Lesern, dass sie mit der „Weltreise einer Jeans" angeregt, motiviert und zugleich befähigt werden, das Thema „Textilien" im Verständnis einer Bildung für eine nachhaltige Entwicklung mit Kindern und Jugendlichen umzusetzen. Über Rückmeldungen zu den praktischen Erfahrungen bei der Umsetzung der hier dargestellten Möglichkeiten würde ich mich sehr freuen.

Frank Corleis, Herausgeber
Leiter des Schulbiologie- und Umweltbildungszentrums der Stadt Lüneburg
Scharnhorststraße 1, Geb. 14, 21335 Lüneburg
Tel.: 04131-41474
e-Mail: leitung@schubz.org
Internet: www.schubz.org

Wir leben auf einem immer enger verflochtenen Planeten

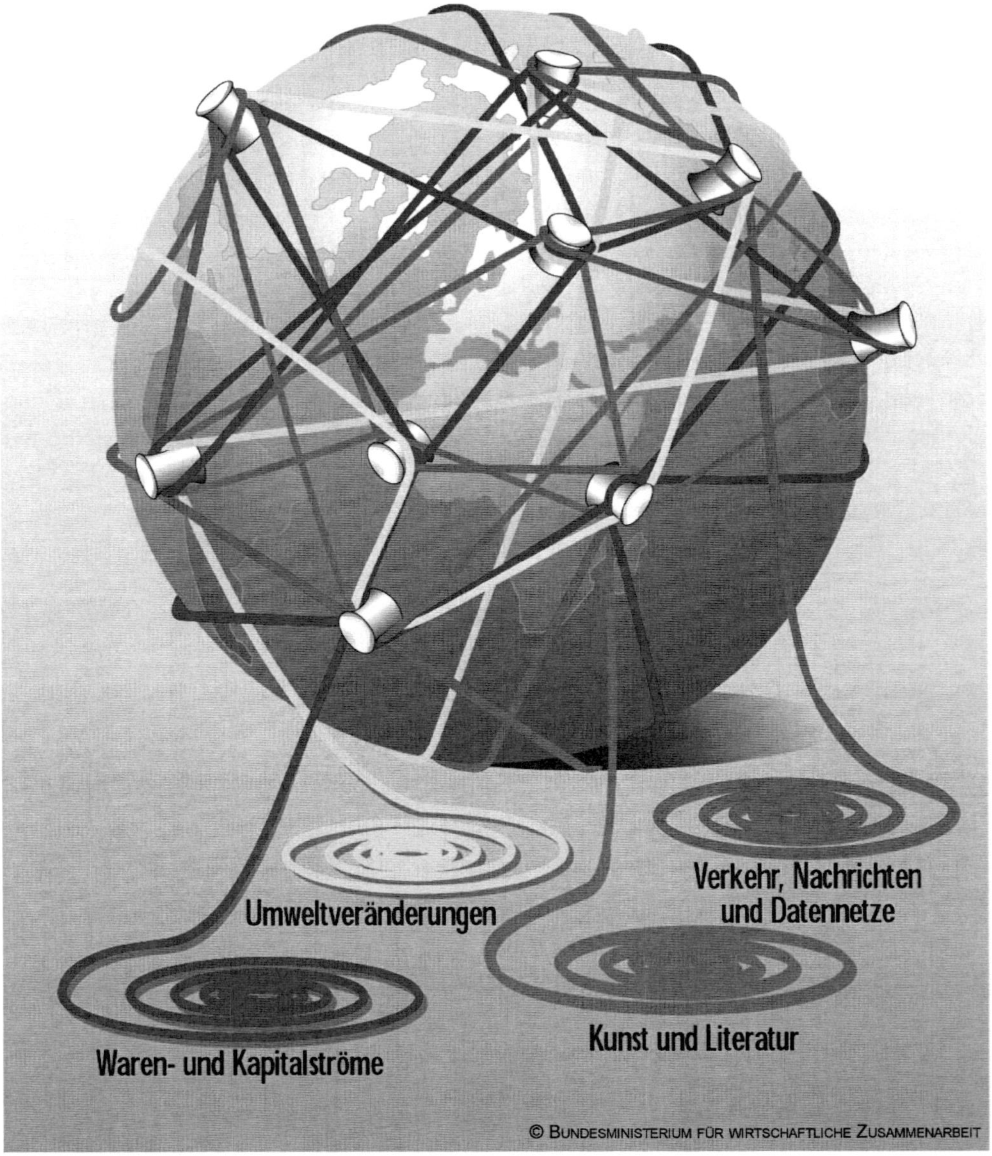

Total global? Eine Welt, Dritte Welt - Was hat denn das mit mir zu tun?

„Globalisierung", dieser Begriff ist seit Anfang der 1990er Jahre in aller Munde – und doch scheint er nach wie vor eine Art „Seifenblase" zu sein: Nach außen bunt schillernd und schön anzusehen, innen aber hohl und leicht zum Zerplatzen zu bringen.

An der Globalisierung scheiden sich die Geister. Die einen verbinden vor allem zunehmende Armut und Gleichförmigkeit („Mc Donaldisierung") mit ihr, für die anderen bringt sie Vielfalt und Reichtum. Die einen wollen am liebsten nichts mit ihr zu tun haben, die anderen können gar nicht genug von ihr bekommen.

Was ist Globalisierung?

Der Begriff „Globalisierung" kommt von „global" und bedeutet „weltumspannend" oder „weltweit".

Weltumspannend finden im Rahmen der Globalisierung Veränderungen statt und wir stellen immer häufiger fest, wie eng wir mit anderen Menschen und Ländern inzwischen verbunden sind. Wir lernen nicht nur immer fernere Länder kennen und unterhalten uns per „Online-Chat" mit Menschen, die z.B. in Asien oder Lateinamerika leben, unser alltägliches Handeln hat auch immer mehr Auswirkungen auf das Leben anderer Menschen. Gleichzeitig findet das, was woanders passiert, seinen Niederschlag bei uns. So trägt unser immenser Papierverbrauch zur Abholzung des tropischen Regenwaldes in Südamerika bei. Dies wiederum ist eine Ursache für die klimatischen Veränderungen, die sich auch bei uns mit immer höheren Temperaturen und Hochwasser auswirken, um nur einmal ein Beispiel dieser Verflechtungskette anzuführen.

Globalisierung beschreibt den Prozess einer zunehmenden internationalen Verflechtung in vielen unterschiedlichen Bereichen: der Gesellschaft, Wirtschaft, Politik, Kultur, Umwelt, Wis-

sen, Kommunikation usw. Die Zunahme und Intensivierung der globalen Beziehungen und Vernetzungen geschieht dabei auf den unterschiedlichsten Ebenen: zwischen Menschen, Gesellschaften, Institutionen und Staaten.

So überschreiten immer mehr Menschen Grenzen, im Urlaub, per Internet und auf der Flucht und unsere bislang kulturell und klimatisch geprägten Ernährungsgewohnheiten erweitern sich. Das Gleiche ist in Bezug auf Literatur oder Musik festzustellen. Kaum jemand hört nur noch deutsche Schlager und auch die weisen immer häufiger Rhythmen und Klänge aus anderen Ländern auf.

Und wissen Sie noch, woher die Kleidung kommt, die Sie tragen?

Allgemein beschrieben, weist Globalisierung folgende Kennzeichen auf:
- Ausweitung von Telekommunikations- und Informationstechnologien
- Abbau nationaler Handels- und Investitionsschranken
- Wachsende Kapitalflüsse und Verflechtung der Finanzmärkte.

Doch Globalisierung ist kein widerspruchsfreier Prozess: Sie fördert zwar eine wachsende Mobilität, gleichzeitig ist die Kontrolle über Wanderungsbewegungen stärker denn je; immer mehr Geld fließt rund um den Globus, gleichzeitig werden die Armen immer ärmer,...

Wie ist Globalisierung entstanden?

Globalisierung ist nicht neu. Ihren Ursprung hat sie im Bereich der Wirtschaft: Technischer Fortschritt, insbesondere in den Kommunikationstechnologien, sowie politische Entscheidungen zur Liberalisierung des Welthandels eröffneten Möglichkeiten für einen zunehmenden Austausch, zunächst von Waren und Geld, zunehmend aber auch im Bereich der Dienstleistungen. Sinkende Transportkosten und die Vereinheitlichung technischer Normen beschleunigten diese Entwicklung. Vor allem wirtschaftlich mächtige Staaten konnten durchsetzen, dass Handelsbarrieren, wie Zölle oder Quotenregelungen, schrittweise abgetragen wurden und werden. Man spricht hier von außenwirtschaftlicher Liberalisierung, deren umfassende Umsetzung das Ziel der Welthandelsorganisation (WTO) mit Sitz in Genf ist. Weitere wichtige Organisationen, die die Liberalisierung des Handels betreiben, sind der Weltwährungsfonds, die Weltbank, das Weltwirtschaftsforum und regionale Handelsbündnisse wie die Europäische Union, die Nordamerikanische Freihandelszone (NAFTA) und die Asiatisch-Pazifische Wirtschaftskooperation (APEC).Wirtschaftliche Liberalisierung als ein Teil der Globalisierung ist kein „Schicksal", sondern das Resultat wirtschaftlicher Überzeugungen und politischer Entscheidungen.

Welthandelsorganisation (WTO)

Die **Welthandelsorganisation (WTO)** mit ihren ca. 150 Mitgliedsstaaten wurde am 16. April 1994 in Marrakesch (Marokko) als Nachfolgeorganisation des GATT (General Agreement on Tariffs and Trade) gegründet. Wie schon das GATT sind die Ziele der WTO von der Keynesianischen Volkswirtschaftslehre und von der Überzeugung geprägt, dass Freihandel letztlich die Wohlfahrt aller Staaten und Menschen erhöhen würde.

Die **Welthandelsorganisation** ist die Dachorganisation der internationalen Wirtschaftsverträge:

- **GATT** – General Agreement on Tariffs and Trade (Allgemeines Zoll- und Handelsabkommen),
- **GATS** – General Agreement on Trade in Services (Allgemeines Abkommen über Handel mit Dienstleistungen) und
- **TRIPS** - Agreement on Trade-Related Aspects of Intellectual Property Rights (Übereinkommen über handelsbezogene Aspekte der Rechte am geistigen Eigentum).

Ziel der WTO ist der Abbau von Handelshemmnissen, d.h. die Liberalisierung des internationalen Handels bzw. die Durchsetzung internationalen Freihandels. Mit ihrer liberalen Außenhandelspolitik geht zugleich Deregulierung, ein Abbau staatlicher Vorschriften im Inneren, und Privatisierung, das bedeutet eine Entstaatlichung öffentlich geführter Unternehmen und Dienstleistungen, einher.

Doch nicht nur Güter und Dienstleistungen werden weltweit verkauft und eingekauft, auch der Fluss des Geldes ist von nahezu allen staatlichen Einschränkungen und Regeln befreit worden. Kapital findet sich überall dort ein, wo es entweder als Investition in ein Unternehmen oder auf den Finanzmärkten anderer Staaten gute Gewinne verspricht.

In der Folge hat ein Großteil der Gelder, die täglich um die Welt zirkulieren - 2002 waren es 90 Prozent -, nichts mehr mit der Bezahlung von Gütern und Dienstleistungen zu tun. Geld ist in vielerlei Hinsicht von seinem ursprünglichen Nutzen, der Vereinfachung des Tausches von Gütern, komplett entkoppelt. Es ist selber zur Ware geworden. Dabei fließen mitunter riesige Geldströme in Länder, in denen sie vorübergehend einen hohen Gewinn versprechen, um bei wechselnder Lage ebenso schnell wieder abgezogen zu werden - ungeachtet der finanz- und sozialpolitischen Zerrüttungen, die dann zurückbleiben. Die „Asienkrise" der Jahre 1997 und 1998 war eine direkte Folge dieser Situation.

Globalisierung in Zahlen

- Jährlich importiert Deutschland Waren im Wert von rund 70 Milliarden Euro aus der Dritten Welt (Öl, Kaffee, Baumwolle, Textilien, Erze,...). Gleichzeitig gehen Waren im Wert von 65 Milliarden Euro von Deutschland in die Länder der Dritten Welt.

- Das Welt-Bruttoinlandsprodukt (BIP) lag im Jahr 2004 bei 40.960 Mrd. US-Dollar. Davon entfielen mit 31.618 Mrd. US-Dollar über 77 Prozent auf die ökonomisch entwickelten Staaten. Ganz Afrika hatte mit 793 Mrd. US-Dollar lediglich einen Anteil von 1,9 Prozent.

- Den 2,6 Milliarden Armen auf der Welt stehen 800 Milliardäre gegenüber.

- Die Zahl transnationaler Unternehmen hat sich von 7.000 zu Beginn der 70er-Jahre auf heute 40.000 vervielfacht. Der globale Warenexport ist seit 1950 um 2.650 Prozent gestiegen.

- 2002 beschäftigte Siemens 426.000 Mitarbeiter/innen. Davon waren 2/3 auf 190 Staaten verteilt.

- Der Jahresumsatz einiger transnationaler Unternehmen entspricht dem Bruttosozialprodukt mittlerer Länder, so kommt z.B. Philipp Morris auf das Bruttosozialprodukt von Chile.

- Die Zahl der Internet-Nutzer/innen lag 2002 weltweit bei 580 Millionen Menschen. In Amerika und Skandinavien betrug ihr Anteil weit über 50 Prozent.

- In Malawi haben von 10.000 Einwohner nur 70 einen Telefonanschluss, 80 ein Handy und 26 einen Internetzugang.

- McDonald's verzeichnete im Jahr 2005 einen Gesamtumsatz von über 20 Milliarden Euro. Insgesamt wurde von weltweit etwa 32.000 Filialen in über 100 Staaten ein Gewinn von knapp 2,6 Milliarden Euro erwirtschaftet.

Herausforderungen

Wenn über Globalisierung gesprochen wird, stehen häufig soziale und wirtschaftliche Ängste im Mittelpunkt. Der Wegfall von Arbeitsplätzen, Standortnachteile, die Verlagerung von Produktionsvorgängen in Billiglohnländer – die (ökonomische) Globalisierung bringt für uns viele Nachteile mit sich.

Auch die scheinbar immer offeneren Grenzen haben zu diffusen, aber lautstark geäußerten Ängsten geführt. So fürchten Menschen eine „Überfremdung" bzw. haben das Gefühl, dass „alle" Flüchtlinge nach Deutschland kämen. – Doch die „Festung Europa" ist für die meisten Flüchtlinge nach wie vor unerreichbar: Nur jeder 22. Flüchtling kommt nach Deutschland, die meisten der rund 21 Millionen Flüchtlinge, die es auf der Welt gibt, bleiben in Afrika und Asien (vgl. Welthaus Bielefeld 2002, 5).

Der Verlust sozialer und nationaler Bindungen, zunehmende Perspektivlosigkeit angesichts hoher Arbeitslosenzahlen und die große Dynamik der Veränderungen führt zu vielfältigen Verunsicherungen, weil viele Menschen nicht mehr Schritt halten können und sich überfordert fühlen.

„Ängste und Bedrohungsgefühle sind aber zwei problematische Reaktionen auf neue Situationen, weil sie zu politischer Apathie, gesellschaftlicher Intoleranz und neuen, nach außen aggressiven Nationalismen führen können. Auch die Shell-Studie 2002 zeigt, dass Jugendliche viele «Globalisierungssorgen» als für sie wichtig benennen. Deshalb ist es gefährlich, wenn die Angst vor der Globalisierung und ihren Folgen bewusst oder unbewusst instrumentalisiert wird. Wichtiger ist es, Handlungsmöglichkeiten zu erproben, auch wenn es sich dabei um noch so kleine Schritte handelt" (Bundeszentrale für politische Bildung: Themenblätter im Unterricht, Frühjahr 2003_Nr.28, 2).

Über die Risiken und Schattenseiten der Globalisierung gibt es vielfältige Kontroversen. Im Zentrum der Diskussionen stehen neben der Sorge vor dem eigenen und gesellschaftlichen sozialen und wirtschaftlichen Abstieg folgende Aspekte:

- Einschränkung der staatlichen Souveränität bei gleichzeitigem Machtgewinn auf Seiten transnationaler Konzerne
- Dominanz der Wirtschaft über soziale (menschenrechtliche) und ökologische Fragen
- Mangelnde Transparenz und Rechenschaftspflicht international agierender Konzerne und Institutionen
- Homogenisierung, d.h. Standardisierung kultureller und sozialer Vielfalt.

Vor besondere Herausforderungen stellt die Globalisierung die Entwicklungsländer. Staaten, die erst am Anfang einer industriellen Entwicklung stehen und die notwendigen Voraussetzungen für eine Marktwirtschaft, vor allem eine rechtsstaatliche Ordnung und funktionierende Institutionen allenfalls ansatzweise bieten können, haben es schwer, sich gegenüber der Konkurrenz entwickelter Industrieländer zu behaupten. Sie drohen weltwirtschaftlich an den Rand gedrängt zu werden. Denn Globalisierung verläuft zwar großräumig und grenzüberschreitend, aber keineswegs uneingeschränkt universal. Vielmehr verstärkt sie die Gefahr, dass sich die ohnehin schon bestehende wirtschaftliche Kluft zwischen den Industriestaaten im Norden und vielen Entwicklungsländern im Süden weiter vergrößert.

Die Welt als Dorf mit 100 Menschen

Niemand kann sich die Situation auf der Erde mit seinen derzeit ca. 6 Milliarden Menschen gut vorstellen. Leichter wird es, wenn man sich die Erde als ein Dorf mit 100 Einwohner/innen vorstellt. Von den 100 Menschen in diesem bunten und vielfältigen Dorf sind 52 Frauen und 48 Männer. 60 von ihnen kommen aus Asien, 13 aus Afrika, 9 aus Lateinamerika, 5 aus Nordamerika, 1 aus Australien und Ozeanien und 12 aus Europa.

Im Dorf gibt es ein Nobelviertel, in dem 15 Einwohner/innen leben, 78 leben in den ärmlichen Dorfgebieten, 7 befinden sich an der Schwelle zwischen arm und reich. Die 20 reichsten Dorfbewohner/innen besitzen 85 % des gesamten Einkommens, während sich die anderen 80 Einwohner/innen die restlichen 15 % teilen müssen. Da ist es kein Wunder, dass 50 Personen mit weniger als 2, 20 Euro am Tag auskommen müssen. In der Folge sind die ärmsten 50 Einwohner/innen unterernährt, während von den 21 Einwohner/innen im Nobelviertel 18 an Übergewicht leiden.

Die Menschen im Luxusviertel, die immer höhere Zäune um ihre Villen bauen, verbrauchen knapp 2/3 der Energie. Im Armenviertel bleiben 39 Menschen ohne Abwasserentsorgung, 19 haben nicht mal sauberes Trinkwasser. Während die Lebenserwartung im Nobelviertel 78 Jahre beträgt, sterben die restlichen Einwohner/innen im Dorf im Schnitt bereits mit 52 Jahren.

Zwar ist in letzter Zeit im Dorf viel von neuer Kommunikationstechnik die Rede, doch besitzen nur eine Hand voll Einwohner/innen (sechs) einen Computer, während rund die Hälfte noch niemals telefoniert hat.

Wenn Sie diesen Text lesen können, gehören sie zu den 78 Personen, die dies gelernt haben, vielleicht sind Sie sogar die glückliche Person mit Hochschulabschluss. Damit wären Sie allerdings die einzige in Ihrem Ort.

Quellen: Baustein zur nicht-rassistischen Bildungsarbeit des DGB-Bildungswerk Thüringen e.V. (www.baustein-dgb-bwt.de) / Welthaus Bielefeld (2002): Meine Welt und Dritte Welt, 10.

Chancen

Doch Globalisierung bringt auch viele positive Aspekte mit sich und birgt Chancen auf die negativen Seiten einzuwirken. So entsteht eine neue „Globalität“, Menschen verstehen sich zunehmend als Teil der „Einen“ Welt, als Weltbürger. Entgegen der Homogenisierungsangst genießen Menschen die dazu gewonnene Vielfalt und entwickeln neue Lebensstile und Identitäten. Zugleich nehmen sie aber auch mehr und mehr die Verwobenheit des Planeten wahr und damit einhergehend die eigene Verantwortlichkeit, die Umwelt zu erhalten und sich für die Einhaltung der Menschenrechte einzusetzen.

Zunehmende und schnellere Kommunikationsmöglichkeiten und Mobilität vereinfachen den Austausch, die Auseinandersetzung und das gemeinsame Lernen über Grenzen hinweg. Hierin liegt die Chance für mehr Toleranz und Respekt, aber auch zu gemeinsamen Engagement, z.B. im Bereich ökologischer und sozialer Probleme.

Schließlich entstehen – in Wechselwirkung mit den bereits genannten Aspekten – mehr und mehr internationale Organisationen sowohl im Nichtregierungs- als auch im überstaatlichen Bereich, die sich für Menschenrechte und die Umwelt einsetzen. Verstöße können gleichzeitig immer weniger „geheim“ gehalten werden, die globale Zivilgesellschaft wird zu einem wichtigen Kontrollorgan der transnationalen Konzerne und Wirtschaftsorganisationen.

„Globalisierung ist kein Schicksal – eine andere Welt ist möglich!“

Seattle: Beim Ministertreffen der Welthandelsorganisation WTO im amerikanischen Seattle (1999) demonstrieren 50.000 Menschen gegen die negativen Auswirkungen der Globalisierung. Die Konferenz muss abgebrochen werden.

Genua: Im italienischen Genua findet im Sommer 2001 der G8-Gipfel der führenden Industrienationen statt. Dabei kommt es zu sehr gewalttätigen Auseinandersetzungen zwischen der Polizei und einem Teil der Demonstranten. Ein 23-jähriger Mann wird von der Polizei erschossen.

Porte Allegre: Die brasilianische Metropole ist seit 2001 Tagungsort des „Weltsozialforums“, das von NROs vorbereitet und durchgeführt wird. Im Jahr 2003 nehmen rund 100.000 Menschen teil, die sich weltweit für eine „andere Welt“ engagieren wollen.

(http://weltsozialforum.org/)

So wächst die Anzahl engagierter Menschen und Gruppen, die sich das Motto „Eine andere Welt ist möglich!“ zu eigen gemacht haben und dazu aufrufen, die Globalisierung aktiv zu gestalten.

Mit 90.000 Mitgliedern in 50 Ländern versteht sich „Attac“ als Teil dieser globalen Bewegung. Attac - die französische Abkürzung für “Vereinigung zur Besteuerung von Finanztransaktionen im Interesse der BürgerInnen” – wurde 1998 in Frankreich gegründet. Attac tritt für eine demokratische Kontrolle und Regulierung der internationalen Märkte für Kapital, Güter und Dienstleistungen ein (http://www.attac.de).

„Globalisierung ist eine gemeinsame Herausforderung, aber auch eine Einladung an uns alle, neue Möglichkeiten zu erfinden, Staatsbürger/innen der Welt zu sein“ lautet die Handlungsmaxime von Xavier Godinot von der Bewegung ATD Vierte Welt (http://www.atd-viertewelt.de/).

Aktive Staatsbürger/innen der Welt überlassen die Gestaltung der Globalisierung nicht allein den internationalen Organisationen, Wirtschaftsunternehmen oder unseren Regierungen – sie werden selbst aktiv.

Ein erster Schritt ist, zu erkennen, wie stark unser Alltag bereits globalisiert ist. Sich zu informieren, das eigene Einkaufsverhalten zu überprüfen und gegebenenfalls zu ändern, die Unterstützung kritischer Organisationen und die direkte Kritik der Waren produzierenden Konzerne sind anschließende Schritte, die aus passiven Konsumenten/innen aktive Bürger/innen werden lassen.

Exkursions-Tipp: KonsuMensch - Globalisierung konkret

KonsuMensch

Welche Wege legt eine Jeans vom Baumwollfeld bis in die Bäckerstraße zurück? - Wieso vergiften sich Menschen an Kaffee? - Wer verdient wie viel am Turnschuh? - Wie viel Brasilien steckt in einem Hamburger? - Und was haben wir damit zu tun?????

KonsuMensch ist eine Stadtführung mit einem etwas anderen Blickwinkel, die bereits in vielen niedersächsischen Städten für Schülerinnen und Schüler ab der 7. Klasse angeboten wird.

Statt bekannte Sehenswürdigkeiten anzusteuern, wird das Augenmerk auf die Dinge gerichtet, die sonst im Verborgenen bleiben: Die zumeist unerwünschten und vielen (noch) unbekannten Nebenwirkungen, die unser Konsum in anderen Teilen der Welt hat.

Auf anschauliche Weise erfahren Schülerinnen und Schüler an mehreren Stationen - z.B. McDonald's und H&M – wie sich Globalisierung im Alltag zeigt, wieso und auf welche Weise Markenfirmen und große Konzerne für ökologische und soziale Missstände in anderen Ländern verantwortlich sind und wie wir durch unser Konsumverhalten Einfluss nehmen.

Die vom Heinrich-Böll-Haus Lüneburg organisierte Stadtführung vermittelt neben konkreten Informationen ein Bewusstsein für weltweite Zusammenhänge, für Gerechtigkeit und für Alternativen zum gewohnten Konsumverhalten.

Die ca. zweistündige Stadtführung kann über das SCHUBZ Lüneburg, Telefon: 0 41 31 - 41 474, e-Mail: info@schubz.lueneburg.de gebucht werden. Weitere Infos: www.schubz.org

Bilder Rätsel Globalisierung im Alltag

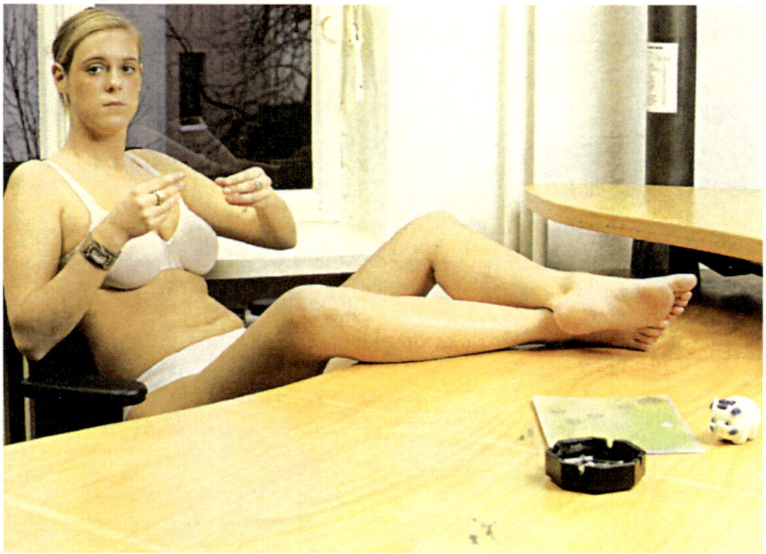

Suchbild: Viele Dinge unseres täglichen Lebens kommen aus Ländern der „Dritten Welt“

QUELLE: WELTHAUS BIELEFELD (2002): MEINE WELT UND „DRITTE WELT“. EIN HEFT FÜR SCHÜLERINNEN UND SCHÜLER, 6.

(k)ein Spiel

Methodische Anmerkung zum Bilderrätsel:

In der Klasse wird zunächst nur das obere Bild betrachtet. Gemeinsam wird überlegt, welche der Gegenstände aus der „Dritten Welt" kommen. Anschließend erfolgt die Auflösung mit Hilfe des zweiten Bildes.

Alternativ zum Einsatz des Bildes können auch Alltags-Gegenstände mitgebracht und auf einem Tisch ausgebreitet werden. Die Schüler/innen werden aufgefordert, nacheinander Gegenstände weg zu nehmen, von denen sie meinen, dass diese aus der „Dritten Welt" kommen. Es kann gemeinsam überlegt werden, wo genau die Dinge herkommen.

Was fällt den Schüler/innen noch ein?

Auflösung „Die Dritte Welt und wir"

Banane: Bananen kommen überwiegend aus Lateinamerika. Doch die Erlöse der Bananenproduzenten/innen sind gering; die Vermarktung ist in der Hand einiger weniger internationaler Konzerne. Bananenarbeiter/innen leiden auch unter dem Einsatz von Schädlingsbekämpfungsmitteln. Seit einigen Jahren gibt es in Deutschland Bananen aus dem „fairen Handel", die bessere Löhne und die Einhaltung ökologischer Standards garantieren. Mehr Infos unter

■ http://www.banafair.de

Kaffee: Auch der Kaffee ist ein typisches Produkt aus der Ländern des Südens. Weil seit Jahren mehr Kaffee angebaut als verbraucht wird, sind die Preise ziemlich niedrig. Das hat die soziale Situation der Kaffeebauern/bäuerinnen und der Plantagenarbeiter/innen weiter verschlechtert. Doch es gibt die Möglichkeit, Kaffee aus fairem Handel zu kaufen und dadurch Kleinbauern/bäuerinnen höhere (gerechtere) Erlöse zukommen zu lassen. Nähere Informationen bei Transfair:

■ http://www.transfair.org

Orangensaft: Rund 80 % des Orangensaftes, den wir hier trinken, kommt aus Brasilien. Die Plantagenarbeiter/innen – darunter auch Kinder – schuften für wenig Lohn und haben kaum Möglichkeiten, ihre Rechte gegenüber den Plantagenbesitzern/innen durchzusetzen. Auch hier bietet der faire Handel eine Alternative:

■ http://www.transfair.org

Teppich: Auch die meisten Teppiche werden in der „Dritten Welt" hergestellt, v.a. in asiatischen und arabischen Ländern. Leider sind sehr viele von diesen Teppichen durch brutale Ausbeutung von Kindern, schon ab 6 Jahren, entstanden. Die Organisation Rugmark sorgt mit Projekten dafür, dass Teppichkinder befreit werden und wieder eine Zukunft haben. Das Siegel garantiert, dass die Teppiche frei von Kinderarbeit hergestellt wurden.

■ http://www.rugmark.de

T-Shirt / Jeans: Unsere Kleidung kommt größtenteils aus der „Dritten Welt". Oftmals hat unsere Kleidung eine wahre Weltreise hinter sich, angefangen vom Baumwollanbau in Asien oder Afrika, über das Nähen, das vor allem in Lateinamerika geschieht, hin zur chemischen Veredelung und zum Verkauf nach Deutschland, um nur einige der Stationen zu nennen. Die sozialen und ökologischen Produktionsbedingungen sind oftmals unvorstellbar schlecht und haben eine internationale Kampagne ins Leben gerufen:

■ http://www.saubere-kleidung.de

Turnschuhe: Die Rechte vieler Arbeiter/innen in der Sportartikelindustrie, v.a. in Asien und Südamerika, werden mit Füßen getreten. Die Kampagne für Saubere Kleidung (http://www.saubere-kleidung.de) setzt sich dafür ein, dass elementare Arbeitsnormen eingehalten werden.

Musik-CD: Wir genießen nicht nur Waren aus der „Dritten Welt", sondern auch Kulturgüter wie Musik und Filme. Gerade unsere Pop-Musik ist beispielsweise geprägt von lateinamerikanischen Salsa-Elementen oder afrikanisch inspirierten Percussion-Stücken. Meistens sind die Interpreten Europäer oder Nordamerikaner, aber einige bekannte Musiker wie Youssou N'Dour kommen zum Beispiel aus Afrika.

Computer: Das modernste aller technischen Produkte ist meist in Ländern der „Dritten Welt" zusammengebaut worden oder einzelne Teile stammen von dort. Die internationalen Konzerne (wie IBM) lagern Teile ihrer Produktion in Billiglohnländer aus und lassen in China, Indien, Indonesien oder auf den Philippinen für sich arbeiten. Das spart Kosten und senkt die Preise – zur Freude aller, die einen Computer haben.

... Die Liste könnte noch fortgeführt werden,

z.B. mit dem Handy, Fußball, Schmuck, Schokolade...

QUELLE: WELTHAUS BIELEFELD (2002): MEINE WELT UND „DRITTE WELT". EIN HEFT FÜR SCHÜLERINNEN UND SCHÜLER, 6.

„Auf der Weltreise einer Jeans"[5] Eine Ausstellung als pädagogisches Angebot

Sich über Anbau und Verarbeitung von Baumwolle zu informieren, die einzelnen Schritte der Jeans-Herstellung kennen zu lernen, sich in das Leben anderer Menschen, ihre Arbeits- und Lebensbedingungen hineinzuversetzen und zugleich aktiv zu werden, dies alles ist „Auf der Weltreise einer Jeans" möglich.

22 Baumwolltafeln stellen einen Bezug zwischen unserem Bekleidungsverhalten als Ausdruck unseres Lebensstils, der Situation in anderen Ländern und globalen Entwicklungen her. Die Tafeln sind ein pädagogisches Angebot zur Auseinandersetzung mit globalen Herausforderungen sowie zur Mitwirkung an einer „anderen", sozialen und solidarischen Welt.

Die Ausstellung eröffnet vielfältige inhaltliche und methodische Zugänge, die die Reflektion der eigenen Bilder und Vorkenntnisse alleine und in der Gruppe und die Entwicklung individueller und gemeinsamer Handlungsstrategien fördern. Die im Rahmen dieser Handreichung vorgestellte „Ausstellungserkundung" stellt hierbei eine Möglichkeit für eine weitgehend selbständige Erschließung dar. Auch das „Baumwoll-Quiz" beruht auf einer eigenständigen Erarbeitung der Inhalte. Einige Stationen der Ausstellung halten jedoch zugleich Aufgaben bzw. Aktivitäten bereit, die in der Gruppe auszuführen sind.

Die Ausstellung umfasst folgende Inhalte und Materialien:

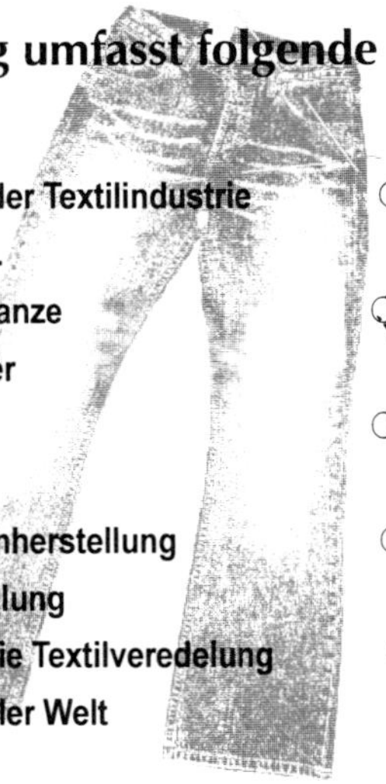

- **1 a. „Fühltafel"**
- **1 b. Rohstoffe in der Textilindustrie**
- **2. Kleidung ist...**
- **3. Die Baumwollpflanze**
- **4. Die Anbauländer**
- **5. Baumwollanbau**
- **6. Der Preis**
- **7. Faden- und Garnherstellung**
- **8. Gewebeherstellung**
- **9. Nicht so edel - Die Textilveredelung**
- **10. „made in"... aller Welt**
- **11. Design**
- **12. Zuschneiden**
- **13. Nähen**
- **14a. Alltag in der Weltmarktfabrik: Zum Beispiel Adidas**
- **14b. Alltag in Deutschland**
- **15. Weltreise einer Jeans**
- **16. Wer verdient wie viel an der Jeans?**
- **17. Der Weg der Altkleider**
- **18. Wer trägt heute Eure Klamotten von gestern?**
- **19. Was sollen wir tun mit unseren Altkleidern?**
- **20. Was können wir tun?**

---

5 Die Ausstellung ist im SCHUBZ Lüneburg als Bestandteil der „Baumwoll-Aktionskiste" zu entleihen. Hier abgedruckt finden Sie die Original-Texte der Ausstellung. Die Ausstellung besteht aus 22 Baumwollfahnen, die an einer Wäscheleine aufzuhängen sind. Werden alle Fahnen aufgehängt, ist die Ausstellung ca. 8 m lang. Sie wurde konzipiert von den Weltläden Gießen, Gladenbach und Marburg und wird von diesen unter dem Namen „Jeans-Parcours" auch verliehen. Wir haben die übernommenen Tafeln lediglich um die Tafeln 1b und 14 b ergänzt, sowie die Tafeln 12, 14 a und 16 erneuert. Diese wurden von Annegret Kühne, Lüneburg erstellt.

1 a. „Fühltafel"

Eine Tafel mit verschiedenen Stoffen sowie „Fühlbeutel" laden dazu ein, verschiedene Materialien und ihre Struktur, Beschaffenheit, Festigkeit usw. zu ertasten.

Dies kann alleine oder in der Gruppe geschehen. Indem auch die eigene Kleidung in die Untersuchung einbezogen wird, kann zudem ein Bezug zwischen der Ausstellung und dem eigenen Leben hergestellt werden.

1 b. Rohstoffe in der Textilindustrie

Jahrtausendelang verwendete der Mensch Naturfasern wie Flachs (Leinen), Baumwolle und Schafwolle, um sich zu kleiden. Die wenigen Kleidungsstücke, die jeder Lüneburger vor 200 Jahren zur Verfügung hatte, bestanden noch zu 70 % aus Wolle und zu 30 % aus Leinen.

Die heimische Schafwolle wurde jedoch schon im 19. Jahrhundert zunächst von billigerer Wolle aus Australien verdrängt und dann mehr und mehr durch importierte Baumwolle ersetzt. Im 20. Jahrhundert schließlich trat die Chemiefaser ihren Siegeszug an…

2. Kleidung ist…

- Dazu da, um mich selbst darzustellen
- Ein alltäglicher Gebrauchsgegenstand, den ich herstellen und gestalten kann
- Ein Hinweis, wer ich sein möchte, zu wem ich gehören möchte oder wogegen ich bin
- Zeichen meiner Herkunft und Zugehörigkeit
- Ein Berg Lumpen in der Altkleidersammlung
- Ein Teil meiner Geschichte, ein Stück Phantasie
- Schutz vor Kälte und Hitze
- Verbindung zwischen Körper und Außenwelt
- Etwas zum Reinkuscheln und Wohlfühlen
- Ein Stück Natur
- Ein Haufen Chemie
- Eine Hülle
- Schmuck
- Schutz vor Blicken
- Ein Versteck

Die Tafel regt dazu an, sich mit dem eigenen Bekleidungs- und Modeverhalten auseinanderzusetzen. So können die Schüler/innen individuell und als Gruppe bei ihrem eigenen Verhältnis zur Kleidung abgeholt werden. Eine „Entdeckungsreise durch den Kleiderschrank" (Arbeitsblatt 8) ist dabei sehr aufschlussreich und sensibilisiert für die Bedeutung von Kleidung als weltwirtschaftliches Produkt.

3. Die Baumwollpflanze

Baumwollstoffe sind dehnbar, waschfest, hautfreundlich, luftdurchlässig, temperaturausgleichend und nehmen Feuchtigkeit gut auf. Deshalb besteht heute etwa die Hälfte aller Kleidung aus Baumwolle. Die Baumwollpflanze ist ein Malvengewächs und wächst am besten im feuchtwarmen Klima. Sie wird als einjährige Feldfrucht angebaut. Zu Textilien verarbeitet wird der weiße Flaum aus der reifen Fruchtkapsel.

4. Die Anbauländer

Die Baumwollpflanze ist eine der ältesten Kulturpflanzen. Sie wird schon seit etwa 5000 Jahren in Peru und Indien genutzt. Heute wird Baumwolle in über 70 Ländern der Erde angebaut. Manche Länder, zum Beispiel Burkina Faso und der Sudan, sind stark vom Baumwollanbau abhängig. Die Hauptanbauländer sind China, die USA, Indien, Pakistan, Usbekistan, die Türkei und Brasilien.

5. Baumwollanbau

Die Baumwolle wird oft auf riesigen Feldern angebaut. Sie braucht viel Wasser, was besonders in heißen Gegenden zur Versalzung des Bodens führt und Dürrekatastrophen begünstigt. Um möglichst hohe Erträge zu erzielen und das Risiko durch Krankheiten und Schädlinge gering zu halten, wird die Baumwolle schon auf dem Feld etwa 25 mal mit Pflanzenschutzmitteln behandelt.

Pflanzenschutzmittel werden in der Fachsprache Pestizide genannt. Leider sind viele von ihnen auch für Menschen schädlich. Meist sind die Arbeiter/innen den Pflanzenschutzmitteln schutzlos ausgeliefert. Pestizide belasten außerdem den Boden, das Grundwasser, die Flüsse und die Luft. Im Baumwollanbau werden in manchen ärmeren Ländern sogar Giftstoffe eingesetzt, die in den Industrienationen bereits verboten sind. Ein gutes Geschäft auch für deutsche Chemiefirmen.

Zur Illustration enthält die Ausstellung Baumwoll-Samen und Baumwollkapseln am Ast, außerdem unverarbeitete Wolle und Fäden sowie Stoffe. Auch genauere Abbildungen der Pflanze, ihrer Samen- und Fruchtkapseln sowie der Anbaugebiete der Baumwolle sind vorhanden. Schüler/innen können fühlen, wie Baumwollkapseln an einem Zweig hängen und wie sich der Zweig im Unterschied zu den Kapseln anfühlt. Sie beschäftigen sich mit Augen und Händen mit Kapseln und Fasern und erhalten Gelegenheit, Roh-Baumwolle zu erspüren: ihre Wärme, Flauschigkeit usw.

6. Der Preis

■ Foto: Bremer Baumwollbörse

Die Ernte der Baumwolle wird häufig noch von Hand erledigt, weil die Fasern dann weniger Verunreinigungen enthalten. Die Pflücker/innen müssen aufpassen, dass sie sich nicht an den spitzen Kapseln verletzen. Sie schuften oft 14 Stunden am Tag und erhalten dafür einen sehr geringen Lohn. Oft werden auch Kinder bei der Baumwollernte eingesetzt, weil sie sich besser bücken können und noch weniger Lohn erhalten. Auch selbständige Kleinbauern können mit dem Baumwollanbau kaum ihre Familien ernähren, denn der Baumwollpreis ist zu niedrig.

7. Faden- und Garnherstellung

Nach dem Pflücken wird die Baumwollfaser von den Samen getrennt, gereinigt, gekämmt und zu einem Faden versponnen. Durch das Ineinanderdrehen mehrerer Fäden entsteht der Zwirn, der reißfester als der einzelne Faden ist. Diese Verarbeitungsschritte können gut von Maschinen übernommen werden. Zur Überwachung werden nur noch sehr wenige Arbeiter/innen benötigt.

8. Gewebeherstellung

Aus dem Zwirn wird durch Schlingen oder Weben ein Stoff hergestellt. Auch dies geschieht heute meist durch hochmoderne, teure Maschinen. Der Lohn für die wenigen Arbeiterinnen fällt kaum ins Gewicht. Deshalb werden diese Verarbeitungsschritte oft in den Industrieländern oder in den Schwellenländern Südostasiens durchgeführt.

Der Herstellungsprozess eines Stoffes kann an dieser Stelle der Ausstellung mithilfe eines Webrahmens erfahren werden. Ein einfacher Webrahmen kann aber auch aus Karton hergestellt werden. Die Schüler/innen können sich hier zunächst einmal die Struktur ihrer Jeans oder eines anderen Stoffes genauer ansehen und anschließend mit dem selbst gewebten Stoff vergleichen.

9. Nicht so edel - Die Textilveredelung

Nach dem Weben wird der Stoff zunächst gebleicht. Dies geschieht häufig noch mit gefährlichen Chlorverbindungen. Danach geht's ins Färbebad. Viele Textilfarbstoffe sind sowohl bei der Herstellung als auch beim Färbeprozess umwelt- und gesundheitsschädlich. Nach dem Färben wird der Stoff durch weitere Chemiebäder gezogen, um ihn pflegeleicht, knitterfrei, schrumpfbeständig, seidig glänzend, kuschelweich, bügelfrei, schmutz- und wasserabweisend oder schwer entflammbar zu machen. Jedes dieser Chemiebäder verbraucht und verunreinigt viel Wasser. Außerdem löst sich ein Teil der chemischen Hilfsstoffe beim Tragen des Kleidungsstückes und geht „unter die Haut".

10. „made in"... aller Welt

Die Entwicklung in der Computer- und Nachrichtentechnik sowie die niedrigen Transportpreise machen es möglich: Weltweit sind Firmen auf der Suche nach billigen Arbeitskräften, Steuervorteilen und geringen Sozial- und Umweltauflagen. Sie versuchen dabei überall soziale und ökologische Standards zu drücken, um möglichst hohe Gewinne zu erzielen. Verschiedene Länder werden gegeneinander ausgespielt. Die Bekleidungsindustrie ist stark davon betroffen, weil bei der Weiterverarbeitung des Stoffes zu Kleidung sehr viel Handarbeit anfällt. Die massenhaft vorhandene billige Arbeitskraft in den so genannten Entwicklungsländern wird bedenkenlos ausgenutzt.

11. Design

Die Jeans wird auf dem Zeichentisch oder mit dem Computer von gut bezahlten DesignerInnen in den Industrieländern entworfen. Dort wird auch ein Probemodell hergestellt. Wenn die Produktion des Modells aufgenommen werden soll, wird der Entwurf zum betreffenden Fabrikanten irgendwo auf der anderen Seite der Welt, zum Beispiel auf den Philippinen, gefaxt.

12. Zuschneiden

Der Fabrikant, z.B. auf den Philippinen, lässt den vorgegebenen Stoff zuschneiden. Dies geschieht von Hand oder maschinell. Der fertig zugeschnittene Stoff wird in die Länder transportiert, in denen die Jeans am billigsten zusammengenäht werden.

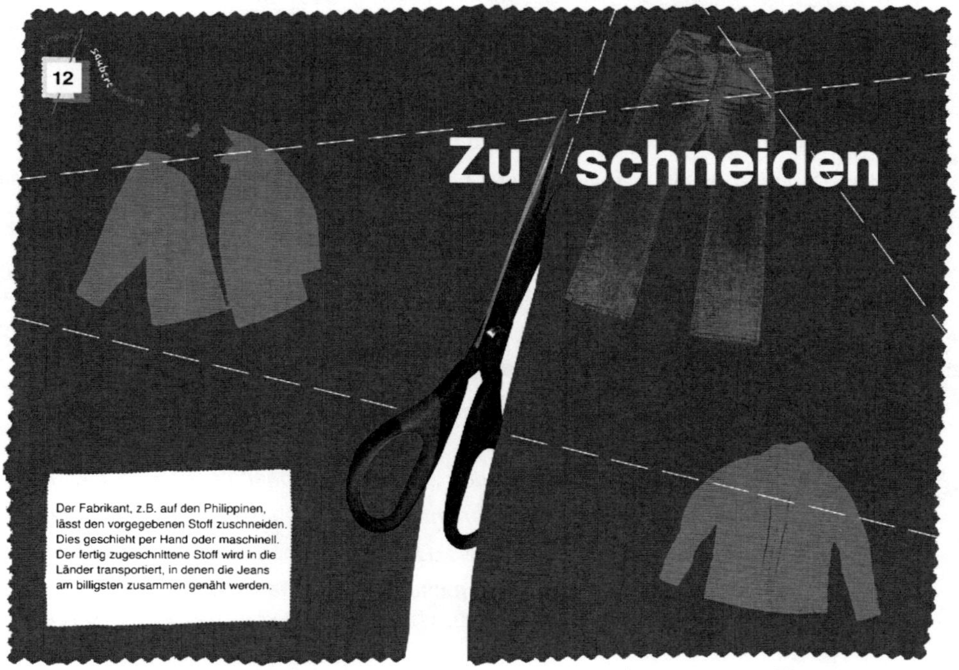

■ Ausstellungstafel 12

13. Nähen

Die Näharbeit ist der arbeitsintensivste Teil des Fertigungsprozesses. Sie erfolgt deshalb oft dort, wo billige Arbeitskräfte vorhanden sind. Fast immer nähen Frauen. Diese Arbeit wird häufig in so genannten „sweatshops“ (Kleinfabriken mit schlechten Arbeitsbedingungen), in illegalen Nähstuben und in Heimarbeit erledigt. Massenproduktionen stammen jedoch aus den Weltmarktfabriken in Mittelamerika („Maquilas“) und in Südostasien. Diese Fabriken liegen in „Freien Produktionszonen“, die geschaffen wurden, um ausländische Firmen anzuwerben. Die „Freien Produktionszonen“ bieten Steuererlass und Zollfreiheit. Außerdem gelten dort keine Umwelt-, Gesundheits-, Arbeitsrechts- und Arbeitsschutzbestimmungen. Menschenrechtsverletzungen sind in den Weltmarktfabriken an der Tagesordnung. Am liebsten werden dort ganz junge Frauen angestellt. Sie erhalten keinerlei Ausbildung und müssen immer denselben Arbeitsgang erledigen. Sie nähen zum Beispiel das linke Hosenbein der Jeans zusammen und dies im Akkord und unter ständiger Kontrolle. Dafür bekommen sie einen Hungerlohn.

14a. Alltag in der Weltmarktfabrik: Zum Beispiel Adidas

Die Fabrik Chi-Fung in El Salvador produziert für adidas. Die Arbeiter/innen verdienen den staatlich festgelegten Mindestlohn von umgerechnet 151 Euro. Der reicht nicht aus, um den Grundbedarf einer Familie zu decken.

Die Arbeiter/innen arbeiten täglich 10 Stunden, wenn es die Auftragslage erfordert, auch 12. Auf dem Papier ist niemand zu Überstunden verpflichtet. Trotzdem ist allen klar: „Wer sich weigert, muss gehen." Auch wer eine Gewerkschaft gründen will, fliegt raus.

Um die Arbeitskräfte besser überwachen zu können, befinden sich in der Produktionshalle und in den Toiletten Kameras. Der Arbeitsdruck ist hoch. Wenn man die vorgegebene Stückzahl nicht erreicht, heißt es: „Draußen gibt es eine Menge Leute, die arbeiten wollen...."

(Quelle: Christliche Initiative Romero / Informationsstelle Lateinamerika e.V.)

Um die Arbeitsbedingungen nachempfinden zu können, können an dieser Stelle der Ausstellung unter Zeitdruck Knöpfe angenäht werden. Auch die Durchführung des „Papiertütenspiels" oder des Simulationsspiels „Die Jeans die arm und reich macht" lässt Schüler/innen die Arbeitsbedingungen von Arbeiter/innen in Niedriglohnländern erspüren

(siehe auch Seiten 143-157).

14b. Alltag in Deutschland

Arbeitnehmerrechte sorgen bei uns dafür, dass internationale Arbeitsstandards eingehalten werden und die Arbeiter/innen einen Lohn erhalten, von dem sie leben können.

Im internationalen Vergleich ist die deutsche Kleidungsfertigung aber unter anderem aufgrund der höheren Lohnkosten schon lange nicht mehr wettbewerbsfähig.

Kleidung aus Deutschland ist einfach zu teuer, denn die meisten Verbraucher/innen achten zunächst einmal auf den Preis. Wer denkt schon an die Arbeiter/innen, wenn er gerade ein tolles Schnäppchen gemacht hat?

Die Textilunternehmen versuchen, die Produktionskosten durch Rationalisierungen, aber auch durch zunehmend ungeschützte Arbeitsverhältnisse und Mini-Jobs zu drücken - zu Lasten der Arbeiter/innen.

Dennoch wird ein immer größerer Anteil der Produktion in ärmere Länder verlagert, und in Deutschland werden immer mehr Arbeitsplätze vernichtet: alleine zwischen 1970 und 2004 rund 340.000!

... Und wie sieht es bei uns aus?

15. Weltreise einer Jeans

Für eine Jeans könnte die Baumwolle aus Kasachstan kommen und die Spritz- und Düngemittel für den Anbau aus Deutschland. Zu Garn verarbeitet wird die Baumwolle in der Türkei auf einer Schweizer Maschine. Der Stoff wird in Taiwan gewebt, in Frankreich mit chinesischen und polnischen Farben bedruckt, auf den Philippinen zugeschnitten und in Guatemala genäht. Nun braucht sie noch Knöpfe aus Großbritannien. Wenn sie fertig ist, ist sie einmal um die Welt gereist und trotzdem billiger, als wenn sie ganz in Deutschland hergestellt worden wäre. Das ist nur durch geringe Transportkosten und extreme Billiglöhne in anderen Teilen der Welt möglich. Den Preis dafür zahlen die Bauernfamilien, die ArbeiterInnen und die Umwelt.

Am Beispiel der ‚geliebten' Jeans kann hier mithilfe einer aufgezeichneten oder gestellten Welt sowie eines Wollknäuels die lange Reise unserer Kleidung als ein Beispiel für Globalisierung plastisch verdeutlicht werden. Schüler/innen werden für die Ungerechtigkeiten (z.B. Arbeitslöhne) und Ungereimtheiten (z.B. Transportkosten) des Welthandelssystems sensibilisiert.

16. Wer verdient wie viel an der Jeans?

Die Aufteilung des Endverbraucherpreises am Beispiel einer Jeans, die in Osteuropa genäht wurde:

- 50% Einzelhandel und Mehrwertsteuer
- 25% Werbung und Verwaltung
- 11% Transport und Steuern
- 13% Herstellungskosten und Gewinn
- 1% Löhne für die Näher/innen

Die Schüler/innen berechnen die genaue Preiszusammensetzung für die Kleidung, die sie aktuell tragen: Jeans, T-Shirt, Schuhe usw. Ohne Schuldzuweisung und „erhobenen Zeigefinger" kann hier die Angemessenheit der Preiszusammensetzung diskutiert werden.

17. Der Weg der Altkleider

Die Werbung für Kleiderspenden verspricht oft, dass wir damit Bedürftigen helfen könnten. Oft sieht die Realität anders aus: Altkleider sind zum großen Geschäft geworden. Nur etwa 5% der Kleiderspenden werden direkt in Kleiderkammern und für die Katastrophenhilfe verwendet.

Den Rest verkaufen die Hilfsorganisationen an kommerzielle Händler. Diese verkaufen die besten Stücke an Secondhand-Läden. Der größte Teil der noch tragbaren Kleidung wird aber ins Ausland verkauft. Verschenkt, wie viele Spender/innen glauben, wird fast nichts.

18. Wer trägt heute Eure Klamotten von gestern?

So tragen viele Afrikaner und Afrikanerinnen heute abgelegte Kleidung aus Europa und Nordamerika. Dagegen wäre nichts einzuwenden, wenn die billige Konkurrenz durch Altkleider nicht die einheimische Textilindustrie zerstören würde. So gehen jährlich in verschiedenen afrikanischen Ländern tausende von Arbeitsplätzen in der Textilindustrie verloren.

Altkleider können an den Stationen 17 / 18 sortiert werden, auch Altkleidersäcke stehen zur Verfügung. Beeindruckend ist es auch, einmal die durchschnittliche Kleidermenge, die jeder und jede Deutsche pro Jahr als Altkleider aussortiert, auf einen Haufen zu legen oder sogar abzuwiegen. Insgesamt werden in Deutschland jährlich 300 Millionen Kleidungsstücke aussortiert

19. Was sollen wir tun mit unseren Altkleidern?

Die Spender/innen sind verunsichert, aber es gibt Alternativen: Sie können bedürftigen Menschen am besten helfen, wenn Sie ihre Altkleider gezielt an Kleiderkammern oder Privatinitiativen abgeben. Kleidung auf Flohmärkten zu verkaufen, macht Spaß. Wenn Sie Zeit und Lust haben, nähen Sie selber, reparieren Sie ihre kaputten Kleider. Wenn Sie in Secondhand-Läden einkaufen, gehen Sie kein Risiko ein, denn bei den Altkleidern sind die giftigen Chemikalien schon ausgewaschen. Genauso sinnvoll ist der Kleidertausch unter Freundinnen und Bekannten. Und wenn es doch einmal der Altkleidersack sein soll, spenden Sie nur an Organisationen, die dem gemeinnützigen Dachverband FAIRWERTUNG e.V. angeschlossen sind.

20. Was können wir tun?

Nutzen Sie Ihre Macht als Konsument/in und fragen Sie in Geschäften nach, woher die Kleidung kommt und unter welchen Bedingungen sie hergestellt wird.

Bevorzugen Sie langlebige Kleidung, für die die Herstellerfirmen einen gerechten Preis erhalten haben. Ihre Kleidung sollte auch unter möglichst geringen Umwelt- und Gesundheitsbelastungen hergestellt worden sein. Solche Kleidung gibt es z.B. in einigen Weltläden. Kleidung aus dem Secondhand-Laden bietet manchmal preiswerte und dabei originelle Alternativen ohne Umweltbelastung. Unterstützen Sie die Kampagne für 'Saubere' Kleidung, die Einzelhandelsgeschäfte dazu bewegen will, nur Kleidung von Hersteller/innen zu kaufen, die sozial und ökologisch verträglich produzieren.

Die letzte Ausstellungstafel skizziert, wie nachhaltiger Kleidungseinkauf aussehen könnte. Wir, als Konsument/innen sind der globalen Bekleidungsindustrie nicht hilflos ausgeliefert, auch wenn eine Veränderung des eigenen Verhaltens oft gar nicht so einfach ist. Ein anderer Umgang mit unserer Kleidung, z.B. Tauschbörsen oder textile Gestaltung von „unmodernen" Kleidungsstücken, kann Spaß machen und die eigene Kreativität anregen.

„Wo soll ich beginnen?
Die Welt ist so groß.
Ich werde also in dem Land beginnen,
das ich am besten kenne,
mit meinem eigenen.
Aber mein Land ist so groß.
Ich fange doch lieber mit meiner Stadt an.
Aber meine Stadt ist so groß.
Am besten beginne ich mit meiner Straße.
Nein, mit meinem Haus.
Nein, mit meiner Familie.
Ach was, ich beginne bei mir."

Elie Wiesel, Friedensnobelpreisträger 1987

Ausstellungserkundung: „Auf der Weltreise einer Jeans“

- Ein Vorschlag für Schülerinnen und Schüler ab der 6. Klasse -

Die im Folgenden dargestellte Ausstellungserkundung[6] bezieht sich unmittelbar auf die zuvor vorgestellte Ausstellung „Auf der Weltreise einer Jeans“. Gleichwohl können wesentliche Bestandteile auch unabhängig von der Ausstellung bearbeitet werden, allerdings bedarf es dann zusätzlicher Materialien.[7] Alternativ bzw. ergänzend bietet sich auch das im Anschluss aufgeführte „Baumwoll-Quiz“ für eine – eher amüsante - Wissensabfrage an.

Hallo! Hey! Ja, du!

Hier unten bin ich. Genau. Ich bin's, Jeannie, deine Jeans. Nett, dich kennen zu lernen. Warum ich dich anspreche? Na ja, ich dachte, ich erzähle dir mal ein bisschen von mir. Ich hab' schon so viel erlebt und du hast doch gerade Zeit, oder? Schön. Dann lass mich mal überlegen, wo ich anfange…

Was sagst du? Stimmt, ich bin aus Baumwolle, das wusstest du also schon. „100 % Baumwolle“ – so steht es im Schild.

Aber fangen wir doch ganz am Anfang an, denn obwohl ich noch ganz neu aussehe, habe ich schon eine lange Reise hinter mir. – Die einzelnen Stationen dieser Reise wirst du nach und nach kennen lernen.

Trage alle Stationen, von denen „Jeannie“ dir erzählt, auf einer Weltkarte ein, am besten immer gleich mit einem erklärenden Kasten, so dass du am Ende der Erzählung ihre komplette Reiseroute eingezeichnet hast:

---

6 Überarbeitete Fassung nach GMÖ / südwind (2005): Der Stoff, aus dem die Träume sind. Originalquelle unbekannt.

7 Unter den Arbeitsblättern befindet sich eine leere Weltkarte als Kopiervorlage, die im Rahmen der Erkundung aber auch unabhängig von dieser gut zu nutzen ist (Seite 44) (© Bundesministerium für wirtschaftliche Zusammenarbeit).

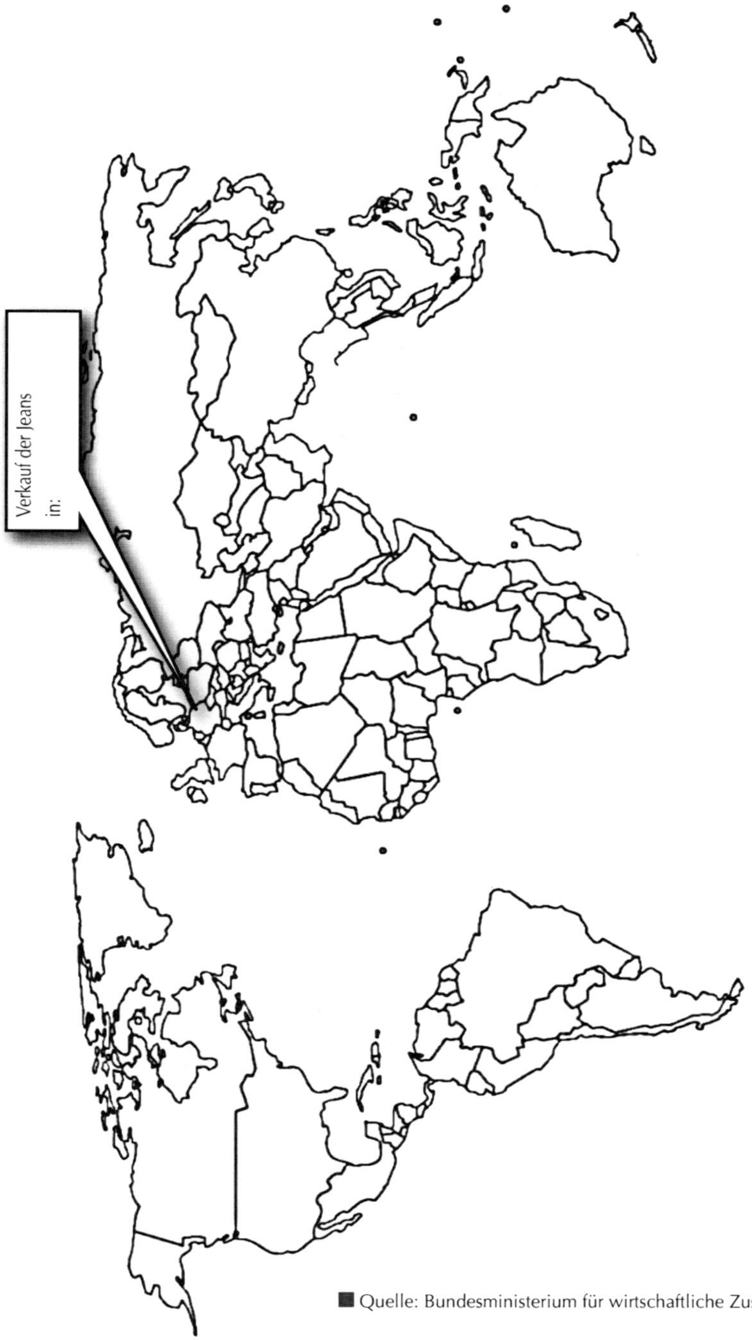

■ Quelle: Bundesministerium für wirtschaftliche Zusammenarbeit

Nun geht's aber los!

Mein Leben begann mit einer Baumwollblüte auf einem der vielen Felder Indiens.

1. An Tafel 3 findest du eine Baumwollkapsel. Sieh sie dir genau an und zeichne sie ab.
Was fällt dir auf, wie fühlt sie sich an?

Baumwollkapsel

2. Und wo wird die Baumwolle angebaut? (Tafel 4)

---

3. Suche dir ein Land aus, das du als Startland auf der Weltkarte einträgst.
Schreib auch gleich auf, was die Baumwollpflanze benötigt, um gut wachsen zu können: (Tafel 5)

Nun weißt du also genau, aus was für einer Pflanze mein Stoff hergestellt wird. Viele Frauen sind von morgens bis spät in den Abend damit beschäftigt, die plüschigen Blüten von den Sträuchern zu pflücken und in große Säcke zu stopfen. Stunde um Stunde mit gebeugtem Rücken in der feuchtwarmen Hitze an den Reihen der Baumwollstauden entlang. Kilo um Kilo. Ganz schön anstrengend, aber auch ganz schön schlecht bezahlt. Oft reicht ihr Lohn noch nicht einmal für den täglichen Reis und so müssen die Kinder oft mitarbeiten, damit die Familie genügend zu essen einkaufen kann.

Für eine Jeans, also zum Beispiel für mich, benötigt man übrigens fast 1 kg Baumwollkapseln – ganz schön viel, oder?

4. Nimm' noch einmal eine Baumwollknospe (Tafel 3) in die Hand und fühle, wie leicht sie ist. Schätze mal, wie viele Knospen für eine Jeans benötigt werden.

1 Jeans	= 1 kg Knospen	=	_________ Knospen (Anzahl)

Die weißen Baumwollbällchen werden nun von den Samenkörnern getrennt und dann heißt es: „ordentlich waschen!" Erst danach geht es in die Spinnerei. Gar nicht so einfach, aus den knäueligen Blüten einen ordentlichen Faden zu spinnen!

Doch den Leuten in der Spinnerei gelingt das. Sie stellen unendlich lange Fäden, kilometerlang, immer schön gleichmäßig, her.

Puh, aber ganz schön warm wird mir dabei, und dieser feine Staub überall. Die Leute sehen nach Feierabend aus wie Schneemänner. Ich war froh, als ich da wieder raus kam.

Aber weiter geht die Reise.

Riesige Webstühle erwarten mich in einer Weberei in Indonesien. Und wieder Lärm, Hitze und Staub – nicht zum Aushalten. Viele Hände, vor allem Frauen, bedienen die unzähligen Webstühle.

Doch auch hier bekommen die Menschen trotz all der Schufterei so wenig Lohn, dass es für die Ernährung der Familie oft nicht reicht – ganz zu schweigen von Kleidung, Ausgaben für die Schule usw. Und dann dieser Druck... Reißt ein Faden, hält der Webstuhl natürlich sofort an, damit es nicht zu Fehlern kommt. Und sofort steht der Aufseher hinter der Arbeiterin, um zu sehen was los ist.

Nun also ist aus den Blüten und Fäden endlich ein Stoff geworden, der mir schon etwas ähnlicher sieht.

5. Hast du das genau verstanden? Lies noch einmal auf den Ausstellungstafeln nach und trage die einzelnen Arbeitsschritte ein (nächste Seite):

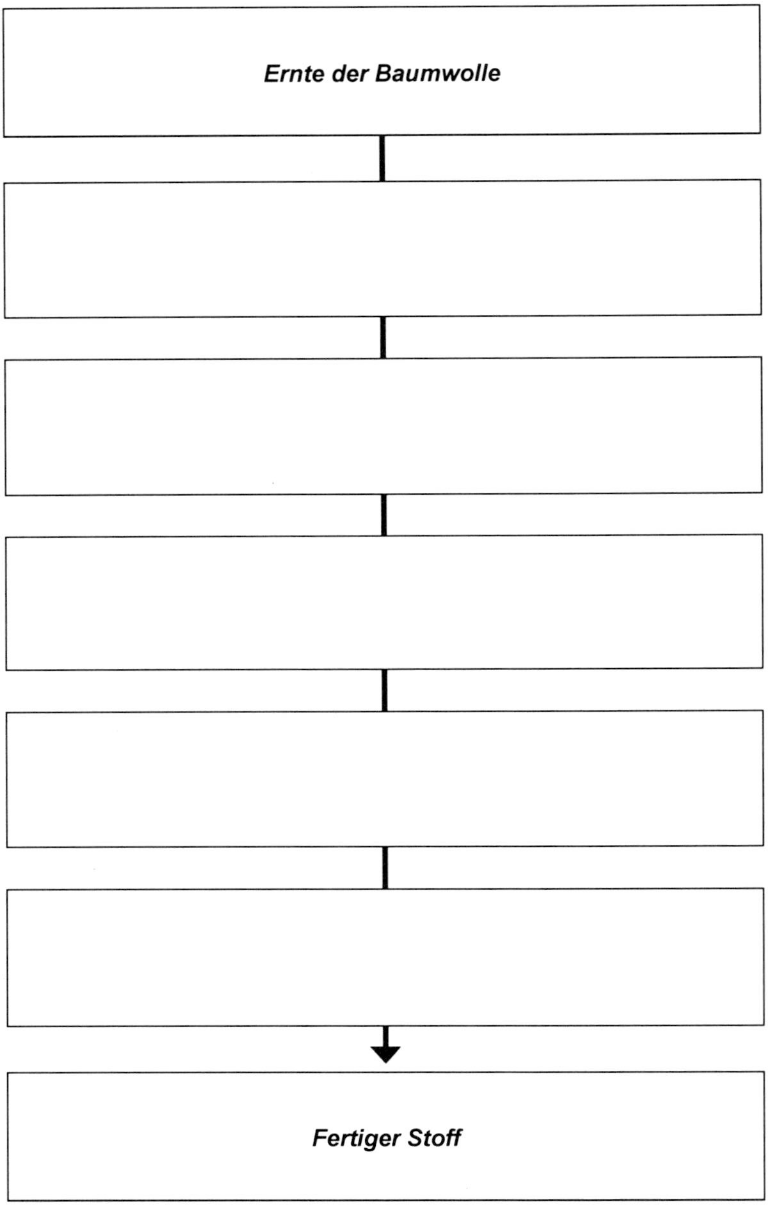

Die Stoffballen werden verladen und los geht's nach Kenia.

Boah, an diesen stinkigen Farbbottich, in den ich hier muss, möchte ich nicht mehr erinnert werden.

6. Auf dem Etikett deiner Jeans steht „100 % Baumwolle". Warum stimmt die Aussage nicht? – Betrachte hierzu die Tafeln 5 und 9 und notiere Stichworte:

Als jeansblauer Stoffballen komme ich nun zum Zuschnitt. Das ist vielleicht eng in den Hallen, ich kann dir sagen! Keine Fenster, die Türen versperrt, die Luft schlecht. Noch heute wird mir übel, wenn ich daran nur denke. Die Arbeiter/innen fahren mit großen Messern über den Stoff. Da schneidet sich leicht mal eine in die Finger. Dann heißt es: Schnell ein Pflaster drum, damit der Stoff keinen Schaden nimmt und weiter geht's.
Arztbesuch? – Pustekuchen.

Nach dem Zuschnitt werde ich wieder auf die Reise geschickt. Um den halben Globus geht's und ich lande in einer Näherei in El Salvador. Weißt du wo das ist? Schon wieder auf einem anderen Kontinent, in Südamerika.

Oh Gott, schon wieder so heiß, laut, stickig und hektisch. Keine Fenster! Meinen Nerven tut das gar nicht gut. Die Frauen sehen auch fürchterlich müde und erschöpft aus, sie arbeiten jeden Tag zwölf Stunden. Es wird gearbeitet ohne ein Wort zu wechseln. Ich lande an der Maschine von Martha.

Muss die eigentlich nie auf's Klo? Ich könnte mal eine Pause vertragen. Ein Wahnsinnskrach ist das hier und ein Wahnsinnstempo, in dem Martha näht. 2370 Stiche in der Minute. So schnell kannst du gar nicht gucken. Aber am Ende sehe ich schon fast so aus wie du mich kennst!

7. Teste dich doch mal: Wie viele Knöpfe schaffst Du in einer Minute anzunähen? Suche dir einen Partner / eine Partnerin und stoppt gegenseitig eure Zeit (Station 13).

1 Min = ______ Knöpfe

8. Beschreibe die Arbeitsbedingungen in der Fabrik Chi-Fung in El Salvador.
(Tafel 14 a) Wäre dies auch in Deutschland möglich? Begründe!

Zum Finishen, also dem Einnähen der Etiketten, des Knopfes – der kommt übrigens aus Italien – und des Reißverschlusses werde ich wieder verpackt und auf die Reise in die Türkei geschickt.
Und noch einmal werde ich gewaschen, gebügelt und dann endgültig eingepackt.

Die letzte Fahrt geht jetzt in die Boutique bei dir um die Ecke. Hier habe ich mich mit dem schicken T-Shirt gegenüber unterhalten. Stellt euch vor, es wurde sogar von Kindern genäht. Was es nicht alles gibt auf der Welt….

Inzwischen hast du mich gekauft. Von all den Hosen im Laden wolltest du mich haben. Schön!

Und ich weiß noch nicht mal, wie du heißt!

9. Jeannie, Jeans von __________________(Trage hier deinen Namen ein.)

hat € ______,- gekostet. (Trage den Preis deiner Jeans ein!)

Wer das Geld bekommt, möchtest du wissen?
Die Näherinnen, die 12 – 14 Stunden am Tag arbeiten, bekommen davon so gut wie nichts ab. Die Verkäuferin wohl auch nicht. Frag doch mal in einem Laden, was die bei uns im Monat verdient. Reich wird man davon auch nicht.
Wer also verdient an mir?

10. Berechne, wer wie viel an deiner Jeans verdient hat (Tafel 16)

Preis meiner Jeans: ____________

Einzelhandel / Mehrwertsteuer: ____________

Werbung und Verwaltung: ____________

Transport und Steuern: ____________

Herstellungskosten und Gewinn: ____________

Löhne für die Näher/innen: ____________

11. Was meinst du, ist diese Aufteilung gerecht? Wie kann sich etwas ändern? Lies hierzu die Tafel 20. Fällt dir noch mehr ein?

Hast du inzwischen übrigens meine Reiseroute eingetragen und die ganzen Stationen meines Lebens miteinander verbunden? – So meine 30.000 Kilometer habe ich sicher schon zurückgelegt.

12. Warum ist der Weg der Jeans zu uns eigentlich so lang?

Nun weißt du eine ganze Menge über mich. Hoffentlich trägst du mich jetzt noch lieber. Und vielleicht können wir gemeinsam ja dafür sorgen, dass auch Martha in Zukunft bessere Arbeitsbedingungen hat.

Deine Jeannie

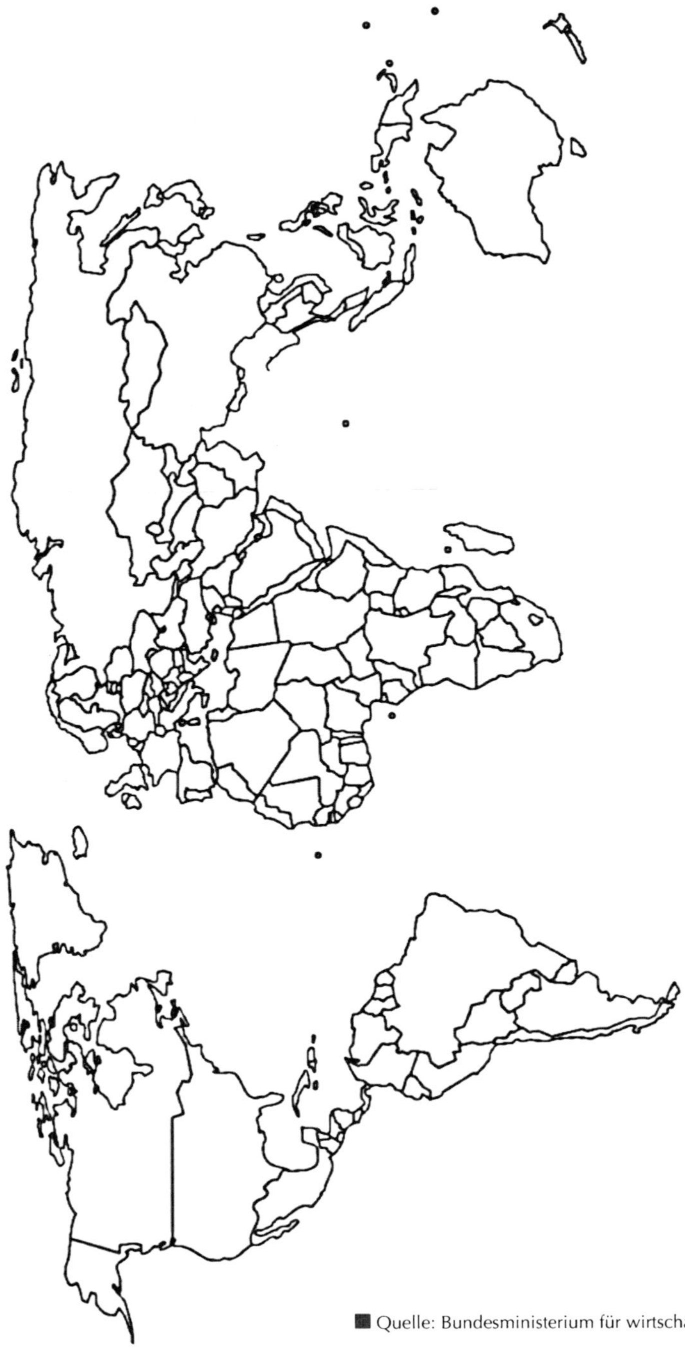

■ Quelle: Bundesministerium für wirtschaftliche Zusammenarbeit

Baumwoll-Quiz

1. Wie viel Kilogramm Kleidung werden in Deutschland pro Jahr pro Person verbraucht?

- ☐ 0,5 kg
- ☐ 8 kg
- ☐ Über 20 kg

2. Warum wird Baumwolle (im konventionellen Anbau) schon auf dem Feld 25mal mit Giftstoffen besprüht?

- ☐ Weil sie ohne Chemieeinsatz ganz plötzlich die Farbe wechseln würde.
- ☐ Weil sie sehr anfällig gegen Schädlinge ist.
- ☐ Weil sonst Kaninchen kommen und die Baumwollbäusche zum Auspolstern ihrer Nester holen.

3. Bei der Verarbeitung der Baumwolle zu bunten und pflegeleichten Stoffen, werden viele gesundheitsschädliche Stoffe eingesetzt.

- ☐ Das macht nichts, weil unsere Haut völlig dicht ist und nicht von diesen Stoffen durchdrungen werden kann.
- ☐ Das ist kein Problem, weil die Mengen so gering sind, dass sie keine Gesundheitsschäden auslösen können.
- ☐ Das führt zu schwerwiegenden Erkrankungen bei den Textilarbeiter/innen, die täglich mit den Chemikalien umgehen müssen, und gefährdet die Verbraucher/innen.

4. Warum wird unsere Kleidung nicht in Deutschland genäht?

☐ Weil in anderen Ländern das Wetter besser ist.

☐ Weil Näher/innen in anderen Ländern schneller arbeiten.

☐ Weil in anderen Ländern weniger Lohn gezahlt werden muss.

5. Wie lange muss eine Näher/in im Durchschnitt pro Tag in den Nähfabriken arbeiten?

☐ 4 – 6 Stunden am Tag

☐ 8 – 10 Stunden am Tag

☐ 10 – 12 Stunden am Tag

6. Welche Arbeitsrechtsverletzungen kommen in den Nähfabriken häufig vor? (Mehrere Antworten sind möglich)

☐ Zwangsüberstunden
☐ Schlechtes Mittagessen
☐ Unfreundliche Kollegen
☐ Keine Gewerkschaftsfreiheit
☐ Geringe Löhne
☐ Beschäftigung von Kindern

7. Was kannst du tun, damit sich die Arbeitsbedingungen für die Näher/innen verbessern? (Mehrere Antworten sind möglich)

☐ Ich kaufe keine Kleidung mehr.

☐ Ich erzähle meinen Freunden/innen, Eltern und Geschwistern, unter welchen Bedingungen die Kleidung hergestellt wird.

☐ Ich frage in Geschäften nach, woher die Kleidung kommt und unter welchen Bedingungen sie hergestellt wurde.

☐ Ich unterstütze die Kampagne für ‚Saubere' Kleidung.

8. Wenn wir unsere Kleidung in den Altkleidercontainer werfen, ...

☐ ... tun wir ein gutes Werk und helfen bedürftigen Menschen.

☐ ... helfen wir vor allem Firmen, die mit dem Verkauf der Altkleider ein gutes Geschäft machen und in Afrika oder Osteuropa die einheimische Textilindustrie zerstören.

9. Die Kampagne für ‚Saubere' Kleidung...

☐ versucht Einzelhandelsgeschäfte dazu zu bewegen, nur Kleidung von Hersteller/innen zu kaufen, die sozial und ökologisch verträglich produzieren.

☐ wirbt für ein neues Waschmittel, mit dem selbst hartnäckige Flecken entfernt werden können.

Herzlichen Glückwunsch
Du bist ein (Fair-) Kleidungs-Experte!

Baumwoll-Quiz - Lösungsblatt

1. Wie viel Kilogramm Kleidung werden in Deutschland pro Jahr pro Person verbraucht?

☐ 0,5 kg

☐ 8 kg

☒ Über 20 kg

2. Warum wird Baumwolle (im konventionellen Anbau) schon auf dem Feld 25mal mit Giftstoffen besprüht?

☐ Weil sie ohne Chemieeinsatz ganz plötzlich die Farbe wechseln würde.

☒ Weil sie sehr anfällig gegen Schädlinge ist.

☐ Weil sonst Kaninchen kommen und die Baumwollbäusche zum Auspolstern ihrer Nester holen.

3. Bei der Verarbeitung der Baumwolle zu bunten und pflegeleichten Stoffen, werden viele gesundheitsschädliche Stoffe eingesetzt.

☐ Das macht nichts, weil unsere Haut völlig dicht ist und nicht von diesen Stoffen durchdrungen werden kann.

☐ Das ist kein Problem, weil die Mengen so gering sind, dass sie keine Gesundheitsschäden auslösen können.

☒ Das führt zu schwerwiegenden Erkrankungen bei den Textilarbeiter/innen, die täglich mit den Chemikalien umgehen müssen, und gefährdet die Verbraucher/innen.

4. Warum wird unsere Kleidung nicht in Deutschland genäht?

☐ Weil in anderen Ländern das Wetter besser ist.

☐ Weil Näher/innen in anderen Ländern schneller arbeiten.

☒ Weil in anderen Ländern weniger Lohn gezahlt werden muss.

5. Wie lange muss eine Näher/in im Durchschnitt pro Tag in den Nähfabriken arbeiten?

☐ 4 – 6 Stunden am Tag

☐ 8 – 10 Stunden am Tag

☒ 10 – 12 Stunden am Tag

6. Welche Arbeitsrechtsverletzungen kommen in den Nähfabriken häufig vor? (Mehrere Antworten sind möglich)

☒ Zwangsüberstunden
☐ Schlechtes Mittagessen
☐ Unfreundliche Kollegen
☒ Keine Gewerkschaftsfreiheit
☒ Geringe Löhne
☒ Beschäftigung von Kindern

7. Was kannst Du tun, damit sich die Arbeitsbedingungen für die Näher/innen verbessern? (Mehrere Antworten sind möglich)

☐ Ich kaufe keine Kleidung mehr.
☒ Ich erzähle meinen Freund/innen, Eltern und Geschwistern, unter welchen Bedingungen die Kleidung hergestellt wird.
☒ Ich frage in Geschäften nach, woher die Kleidung kommt und unter welchen Bedingungen sie hergestellt wurde.
☒ Ich unterstütze die Kampagne für ‚Saubere' Kleidung.

8. Wenn wir unsere Kleidung in den Altkleidercontainer werfen, ...

☐ ... tun wir ein gutes Werk und helfen bedürftigen Menschen.
☒ ... helfen wir vor allem Firmen, die mit dem Verkauf der Altkleider ein gutes Geschäft machen und in Afrika oder Osteuropa die einheimische Textilindustrie zerstören.

9. Die Kampagne für ‚Saubere' Kleidung...

☐ versucht Einzelhandelsgeschäfte dazu zu bewegen, nur Kleidung von Hersteller/innen zu kaufen, die sozial und ökologisch verträglich produzieren.
☒ wirbt für ein neues Waschmittel, mit dem selbst hartnäckige Flecken entfernt werden können.

Hintergrund Informationen

Textile Rohstoffe

Die Textilherstellung begann ganz einfach: Unsere Vorfahren wickelten sich Blätter um den Körper und befestigten diese mit Knochen, Aststücken oder Baumnadeln. Später stellten sie richtige „Röcke", zunächst aus Blättern, dann aus Gras her. So nach und nach fanden die Menschen heraus, welche Pflanzenteile, Ranken oder Tiersehnen sich am Besten für die Herstellung von Kleidung eigneten und sammelten diese gezielt. In kälteren Gebieten wurde auf Tierfelle zurückgegriffen.

Im Laufe der Zeit wurde die Textilherstellung immer komplexer: Man begann aus Tierhaaren, vor allem aus Wolle, durch Filzen oder Walken, eine festere Masse herzustellen. Mit der Erfindung des Spinnens konnte man schließlich längere Fäden herstellen, die das Weben ermöglichten. Bis heute findet diese Technik in der Herstellung unserer Textilwaren Anwendung. Neben den natürlich vorkommenden Fasern werden allerdings mehr und mehr auf chemischem Wege hergestellte Fasern, die künstlichen und synthetischen Fasern, für die Stofffertigung verwendet.

Im Folgenden sollen die für die Herstellung unserer Kleidung genutzten Fasern kurz vorgestellt werden. Diese werden in Natur- und Chemiefasern unterteilt. In diesen großen Faser-Gruppen gibt es jedoch weitere Unterteilungen, die hier nur in der Übersicht dargestellt werden

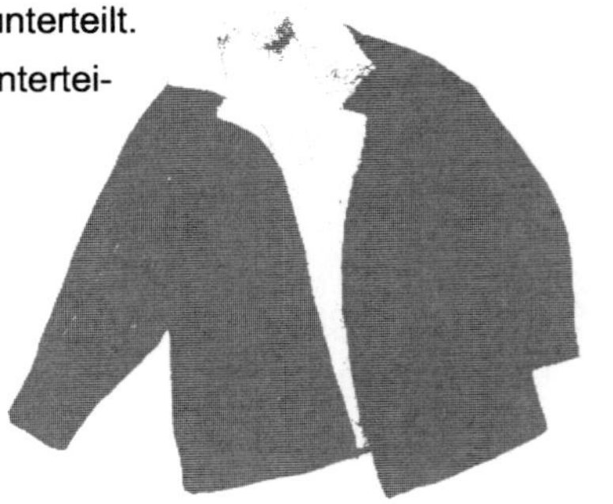

Naturfasern

Naturfasern werden aus der Natur gewonnen, aus Pflanzen, von Tieren oder sogar aus anorganischen Materialien. In der Textilindustrie werden in der Regel organische Fasern verwendet.

1. Pflanzliche Fasern

Pflanzliche Fasern werden auch natürliche bzw. native Cellulosefasern genannt. Es wird zwischen Samen- (z.B. Baumwolle und Kapok), Frucht- (z.B. Kokosfaser) und Bastfasern (z.B. Flachs, Hanf, Ramie und Jute) unterschieden.

Baumwolle

- stammt vom Baumwollstrauch, der nur in sehr warmem und feuchtem Klima gedeiht
- Rohbaumwolle besteht zu 94 % aus Zellulose und enthält kleine Mengen Wasser, Protein, Zucker und Mineralsalze
- kann viel Feuchtigkeit aufnehmen
- ist besonders hautverträglich und fühlt sich weich an
- ist sehr reißfest

Flachs (Leinen)

- Leinenfasern werden aus dem Stängel der blau blühenden Flachspflanze gewonnen, die auch bei uns wächst
- ist angenehm auf der Haut, an heißen Tagen kühl
- kann viel Feuchtigkeit aufnehmen
- sehr haltbar – manchmal etwas steif - und fusselfrei

Hanf

- ist eine Bastfaser aus dem Stängel der Hanfpflanze, die auch bei uns wächst
- wurde von der Baumwolle vom Markt verdrängt, wird aber zurzeit neu entdeckt
- hat eine hohe Festigkeit und ist sehr reißfest
- ist zugleich leicht und weich

2. Tierische Fasern

Tierische Fasern werden aus dem Fellkleid der Tiere (Wolle und Haare) oder aus den Kokons bestimmter Seidenspinnerraupen gewonnen.

Wolle

- Wolle wird vom lebenden, gesunden Schaf geschoren
- hält besonders warm
- kann viel Wasser aufnehmen, ohne sich feucht anzufühlen
- ist von Natur aus fetthaltig und wird deshalb nicht so schnell schmutzig

Seide

- wird aus den Kokons der Seidenspinner, einer Schmetterlingsart, gewonnen
- glänzender, leichter Stoff, über Jahrhunderte den Königen und Adeligen vorbehalten
- kann viel Feuchtigkeit aufnehmen
- reißfest und formstabil, aber hoher Pflegeaufwand

Chemiefasern

Bei Chemiefasern wird zwischen Fasern, die aus natürlichen Polymeren erzeugt werden und synthetischen, auf der Basis von Erdöl und -gas unterschieden. Im Gegensatz zu den Naturfasern können Chemiefasern gestaltet, also mit bestimmten Eigenschaften ausgestattet werden.

Synthetische Fasern / Kunstfasern: Polyamid (Nylon, Perlon), Polyester, Polyacryl

- werden künstlich durch chemische Verfahren hergestellt; die Grundlage hierfür ist Erdöl
- sehr reißfest
- dicht gewebt sind sie wasserundurchlässig, sie nehmen kaum Feuchtigkeit auf
- fühlen sich oft an wie eine „zweite Haut“ (z.B. Nylon)
- können viele unterschiedliche Eigenschaften haben: z.B. flauschig (Fleece) oder atmungsaktiv (Mikrofasern)

Halbsynthetische Fasern

- Gemische aus Naturfasern und Chemiefasern, um bestimmte Eigenschaften zu erzielen. Beispielsweise wird um Baumwollprodukte stabiler zu machen, häufig Polyester zugemischt; Elasthan wiederum dient der größeren Elastitzität.

Aus natürlichen Polymeren gezeugte Fasern / Zelluloseregenerate, z.B. Viscose oder Acetat

- werden künstlich durch chemische Verfahren hergestellt, die Grundlage hierfür ist Holzzellstoff
- können Feuchtigkeit gut aufnehmen
- Baumwolle vergleichbar, aber: knitteranfällig

Der Wandel der Rohstoffnutzung

Nicht immer wurde der Großteil unserer Textilien (Kleidung, Gardinenstoffe, Möbelbezüge, technische Textilien usw.) aus chemischen Fasern hergestellt. Der Wandel im Rohstoffeinsatz hat viele verschiedene Ursachen, z.B. die Kosten bei der Herstellung, unterschiedliche Verwendungseigenschaften usw.

Vor 200 Jahren bestanden in Deutschland die wenigen Textilien, die jeder als Oberbekleidung zur Verfügung hatte, noch zu ca. 70 % aus Wolle und zu 30 % aus Leinen. Betrachtet man Leibwäsche oder Haushaltstextilien, bestanden sie nahezu ausschließlich aus Leinen. In der Lüneburger und Uelzener Region spielten Flachs und Hanf eine wichtige Rolle, daneben hatte die Nutzung der Schafwolle eine lange Tradition.

Aber bereits um die Wende vom 19. zum 20. Jahrhundert hatte die günstigere Baumwolle den weit größten Marktanteil. Nun bestanden 74 % aller Textilien aus Baumwolle, nur noch 20 % aus Wolle und lediglich 6 % aus Leinen.

- 1960 deckten die Naturfasern noch 75 % des gesamten Faserbedarfs ab.

- 1999 verteilte sich die Welterzeugung textiler Rohstoffe auf 51 % Chemiefasern, 45 % Baumwolle und 5 % Wolle.

- 2004 hat der Anteil der Chemiefasern bei der Herstellung von Textilien in Deutschland 85 % erreicht.

Dieser Siegeszug der Chemiefasern ging vor allem zu Lasten der Baumwolle, deren Anteil an der Textilproduktion in Deutschland in den vergangenen zehn Jahren von mehr als einem Fünftel auf neun Prozent gefallen ist. Der Anteil der Wolle blieb mit sechs Prozent stabil.

Mit dieser Entwicklung gingen tief greifende soziale, ökonomische und ökologische Veränderungen einher:

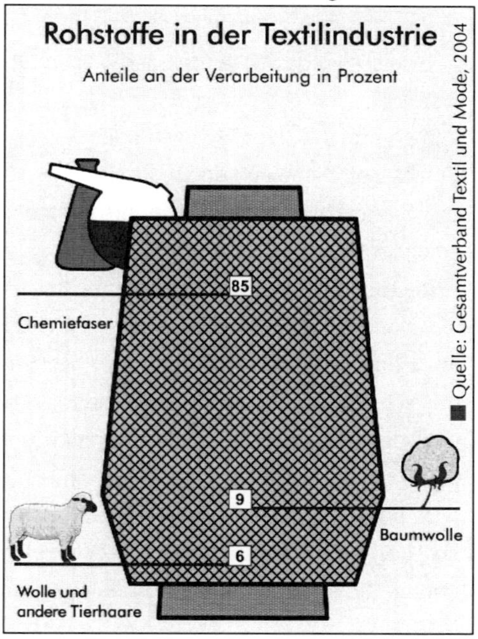

Die industrielle Revolution Ende des 18. Jahrhunderts setzte mit der Erfindung des mechanischen Webstuhls und der Spinnmaschine ein. Diese Neuerungen ließen ganze Handwerkszweige wie dem der Weber verelenden.

Die Verdrängung des Leinens durch die Massenfaser Baumwolle im 18. und 19. Jahrhundert war nur durch den arbeitsintensiven Plantagenanbau in den Südstaaten Nordamerikas möglich. Dies setzte die Einfuhr von afrikanischen Sklaven voraus.

Zudem verarmten in Deutschland weite Landstriche, die sich bis dahin auf den Anbau von Flachs und Hanf spezialisiert hatten.

Am Anfang der chemischen Großindustrie stand die Entwicklung und die Fabrikation synthetischer Farben (z.B. „Farben Bayer“). Diese wiederum verdrängten die natürlichen Färberpflanzen.

Praxis Tipps Anregungen für die Unterrichtsgestaltung

Lernziele

Die Schülerinnen und Schüler

- lernen unterschiedliche textile Materialien kennen,
- spüren die Eigenschaften verschiedener textiler Materialien: Struktur, Festigkeit, „Wärme", „Weichheit" etc.,
- schaffen eine Verbindung zwischen ihrer Kleidung und dem Thema („Alltagsbezug"),
- nehmen den Wandel in der Nutzung verschiedener Materialien wahr und
- stellen einen regionalen Bezug her.

Stoffe fühlen

Altersstufe: Für jede Altersstufe geeignet
Dauer: Mind. 15 min
Kopiervorlage vorhanden (Arbeitsblatt 2, S. 57-59)

Immer drei bis fünf Schüler/innen teilen sich einen Fühlbeutel, der mit unterschiedlichen Stoffen gefüllt ist. Die Stoffe sollten hinsichtlich ihres Materials gekennzeichnet sein.

Die Schüler/innen befühlen zunächst nacheinander die Stoffe aus dem Beutel. Ohne ihn aus dem Beutel zu nehmen beschreiben sie den jeweiligen Stoff und raten, um was für ein Material es sich handeln könnte. Dann wird der Stoff dem Beutel entnommen und nachgesehen, um welches Material es sich handelt.

Je nachdem wie vertieft das Thema behandelt werden soll, können die Schüler/innen hier eine Liste erstellen, in der sie Stoffart und – eigenschaften erfassen.

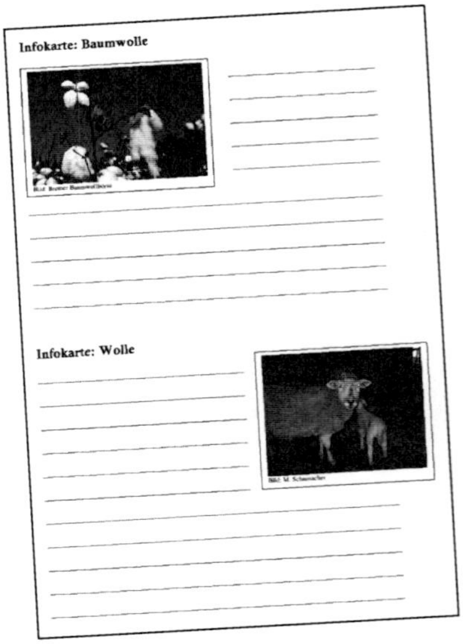

Erforschung der eigenen Kleidung: Aus welchem Stoff ist unsere Kleidung?

Altersstufe: Für jede Altersstufe geeignet

Dauer: 30 - 45 min

Kopiervorlage vorhanden (Arbeitsblatt 3, S. 60)

In dieser Übung untersuchen die Schüler/innen in kleinen Gruppen (drei – vier Personen) Herkunft, Zusammensetzung und Zweck ihrer eigenen Kleidung und fassen ihre Ergebnisse in einer Tabelle zusammen.

Vgl. Karpinski, Dorothea / Mönning, Petra (Verlag an der Ruhr, Mülheim 2001): Baumwolle - Eine Aktivmappe, 11.

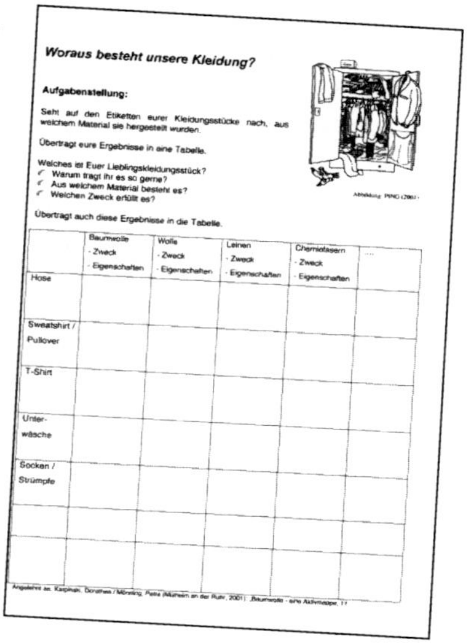

Woraus besteht unsere Kleidung?

Aufgabenstellung:

Seht auf den Etiketten eurer Kleidungsstücke nach, aus welchem Material sie hergestellt wurden.

Übertragt eure Ergebnisse in eine Tabelle.

Welches ist Euer Lieblingskleidungsstück?
- Warum tragt ihr es so gerne?
- Aus welchem Material besteht es?
- Welchen Zweck erfüllt es?

Übertragt auch diese Ergebnisse in die Tabelle.

	Baumwolle - Zweck - Eigenschaften	Wolle - Zweck - Eigenschaften	Leinen - Zweck - Eigenschaften	Chemiefasern - Zweck - Eigenschaften	...
Hose					
Sweatshirt / Pullover					
T-Shirt					
Unterwäsche					
Socken / Strümpfe					

Angelehnt an: Karpinski, Dorothea / Mönning, Petra (Mülheim an der Ruhr, 2001): Baumwolle - eine Aktivmappe, 11

Materialien erforschen

Altersstufe: Alle Altersstufen

Dauer: Je nach Anzahl der Versuche; z.T. mehrere Tage

Kopiervorlagen vorhanden (Arbeitsblatt 4, S. 61,62)

Themen:

1. Wo bleibt der Schweiß?

Schwitzen wird unangenehm, wenn der Schweiß nicht verdunsten kann. Mit einem Langzeit-Experiment soll untersucht werden, welche Textilien am besten Wasser durchlassen und damit besonders als Sportkleidung geeignet sind.

Vgl. PING (2001): Eine Musterkollektion für Marie und Alexander. Wir kleiden und schmücken uns, 2.02A.

2. Warum hält ein Pullover warm?

In einem einfachen Experiment können auch jüngere Schüler/innen herausfinden, welche Stoffmaterialien unseren Körper warm halten.

Vgl.: Mönter, Burckhard / Pieper, Susanne (Luzern 1999): Schau mal: Kleider, Kleider, Kleider, 7.

3. Eigenschaften von Fasern

Mit einer Vielzahl von Experimenten untersuchen Schüler/innen die Eigenschaften von Fasern und Stoffen, z.B. ob ein Stoff leicht knittert, Wasser aufsaugen kann usw.

Vgl. Karpinski, Dorothea / Mönning, Petra (Verlag an der Ruhr, Mülheim 2001): Baumwolle - Eine Aktivmappe, 12.

Exkursion: Pädagogisches Projekt „Unsere Schafwolle" (Schulbiologie- und UmweltBildungsZentrum Lüneburg)

Altersstufe: Für jede Altersstufe geeignet, insbesondere für die 1. bis 4. Klasse

Im SCHUBZ-Projekt „Vom Schaf zur Wolle" kann die Herstellung von Wolle ganz praktisch erfahren werden (siehe S. 72ff).
Außerdem wird der Wandel der Kulturregion Lüneburger Heide - verbunden mit den Veränderungen in der Rohstoffnutzung in der Bekleidungsherstellung – thematisiert (s. ausführliche Beschreibung). Weitere Infos unter: www.schubz.org.

Exkursionstipp: Besuch im Museumsdorf Hösseringen

Altersstufe: Für jede Altersstufe geeignet

Das Museumsdorf Hösseringen vermittelt die ländliche Geschichte der Lüneburger Heide in lebendiger und anschaulicher Form. Nähere Informationen unter http://www.museumsdorf-hoesseringen.de .

Zur Vertiefung

- Karpinski, Dorothea / Mönning, Petra (Mülheim an der Ruhr, 2001): Baumwolle - Eine Aktivmappe
- Mönter, Burckhard / Pieper, Christiane (Luzern, 1999): Schau mal: Kleider, Kleider, Kleider
- Rosenkranz, Bernhard / Schmidt, Eva (Berlin, 1999): In Hülle & Fülle
- Strütt-Bringmann, Traude (Hg.) (Bonn 1994): Der Stoff aus dem die Kleider sind
- Landwirtschaftsmuseum Lüneburger Heide (Uelzen 1993): Garn- und Gewebeherstellung in der Lüneburger Heide
- Landwirtschaftsmuseum Lüneburger Heide (Uelzen 1997): Schafe und Schäfer in der Lüneburger Heide
- Welthungerhilfe (Bonn 2004): Baumwolle. Weißes Gold im Ausverkauf, Kapitel 1: Baumwolle: Eine historische Betrachtung
- Internet-Recherche z.B. http://de.wikipedia.org bietet viele Informationen über die verschiedenen Fasern; Zur Pflege von Textilien: http://www.gesamttextil.de/deutsch/Pflegekennzeichen/K210.htm

Arbeitsblatt 2 -1

Infokarte: Baumwolle

Bild: Bremer Baumwollbörse

Infokarte: Wolle

Bild: M. Schumacher

Arbeitsblatt 2 -2

Infokarte: Seide

Bild:
http://de.wikipedia.org/wiki/Bild:Khotan-fabrica-seda-d06.jpg

Infokarte: Hanf

Bild:
http://de.wikipedia.org/wiki/Bild:Cannabis_sativa.jpg

Arbeitsblatt 2-3

Infokarte: Flachs (Leinen)

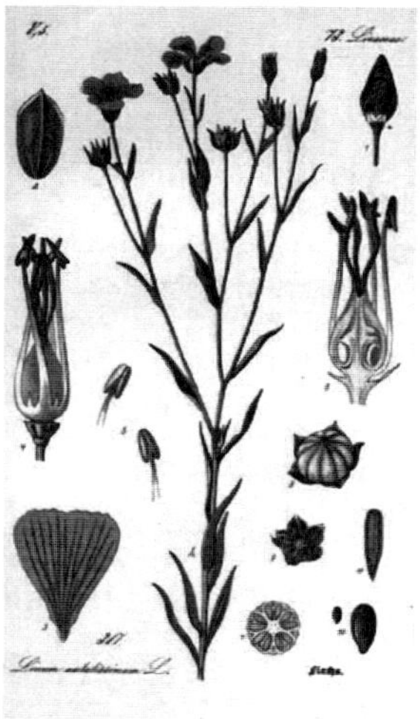

Abb.: Prof. Dr. Otto Wilhelm Thomé: Flora von Deutschland, Österreich und der Schweiz 1885

Infokarte: Chemiefasern (Polyester, Viscose,...)

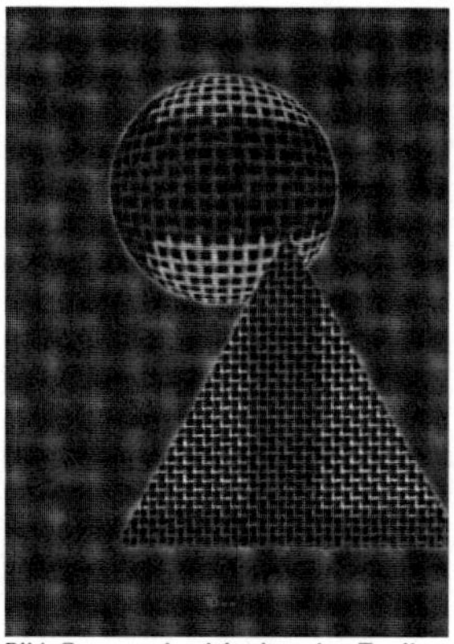

Bild: Gesamtverband der deutschen Textil- und Modeindustrie, 2004

Arbeitsblatt 3

Woraus besteht unsere Kleidung?

Abbildung: PING (2001)

Aufgabenstellung:

Seht auf den Etiketten eurer Kleidungsstücke nach, aus welchem Material sie hergestellt wurden.

Übertragt eure Ergebnisse in eine Tabelle.

Welches ist Euer Lieblingskleidungsstück?
- Warum tragt ihr es so gerne?
- Aus welchem Material besteht es?
- Welchen Zweck erfüllt es?

Übertragt auch diese Ergebnisse in die Tabelle.

	Baumwolle - Zweck - Eigenschaften	Wolle - Zweck - Eigenschaften	Leinen - Zweck - Eigenschaften	Chemiefasern - Zweck - Eigenschaften	....
Hose					
Sweatshirt / Pullover					
T-Shirt					
Unter-wäsche					
Socken / Strümpfe					

Angelehnt an: Karpinski, Dorothea / Mönning, Petra (Mülheim an der Ruhr, 2001): „Baumwolle - eine Aktivmappe, 11

Materialien erforschen

Arbeitsblat 4-1

Wo bleibt der Schweiß?

Schwitzen wird unangenehm, wenn der Schweiß nicht verdunsten kann. Die Kleidung klebt am Körper und euch kann kalt werden. Es ist wichtig, dass Kleidung, z.B. für den Sport, möglichst wasserdurchlässig ist. ...

Benötigt werden:

- Stoffreste verschiedener Textilien
- Bechergläser gleichen Querschnitts
- Gummiringe

- Füllt alle Bechergläser gleich voll mit Wasser.
- Legt auf jedes Glas einen Stoffrest und befestigt ihn mit einem Gummiring. Markiert danach den jeweiligen Wasserstand an den Gläsern mit einem wasserfesten Farbstift.
- Stellt die Gläser an einen warmen Ort im Klassenraum, an dem sie längere Zeit stehen bleiben können.
- Überprüft nach einer Woche oder 14 Tagen, wie viel Wasser aus den Gläsern verdunstet ist.
- Haltet die Ergebnisse in einer Tabelle (nach Stoffart unterteilt) fest.

Welche Textilien lassen am besten Wasser durch? Welche Textilien würdet ihr als Sportkleidung empfehlen? Begründet eure Antwort.

Quelle: PING (2001): Eine Musterkollektion für Marie und Alexander. Wir kleiden und schmücken uns, 2.02A

Arbeitsblat 4-2

Materialien erforschen

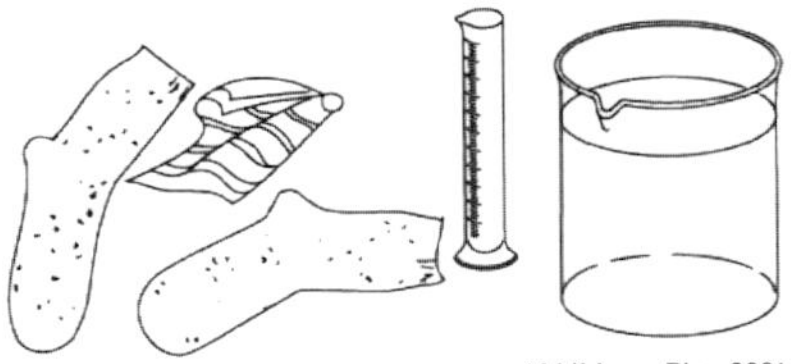

Abbildung: Ping 2001

Warum hält ein Pullover warm?

Benötigt werden:

- Zwei oder mehrere Flaschen
- Warme Getränke oder warmes Wasser
- Pullover oder Stoff (eventuell verschiedene Materialien)

Du füllst zwei gleiche Flaschen mit einem warmen Getränk. Danach ziehst du der einen Flasche einen Pullover über oder wickelst sie darin (oder in einem Stück Stoff) ein. Die andere Flasche lässt du einfach so stehen. – Du kannst auch noch eine dritte Flasche mit einem Stoff aus einem anderen Material umwickeln.

Prüfe nach einer halben Stunde die Temperatur: Sind die Getränke noch gleich warm? Welches ist wärmer? Versuche zu begründen, warum dies so ist.

Quelle: Mönter, Burckhard / Pieper, Susanne (Luzern 1999): Schau mal: Kleider, Kleider, Kleider, 7

Eigenschaften von Fasern

Benötigt werden:

- Bügeleisen
- Wasserkocher
- Wasser
- Pipette
- Verschiedene Stoffreste

Untersucht die Eigenschaften der Stoffe unter folgenden Gesichtspunkten:

- Knittert der Stoff?
- Kann er Wasser aufsaugen?
- Was passiert, wenn der Stoff warm bzw. heiß wird?
- Lässt er sich leicht bügeln?
- Wie fühlt er sich auf der Haut an?
- Was findet ihr noch heraus?

Benutzt für diese Experimente ein Bügeleisen, einen Wasserkocher, Wasser und eine Pipette. Beobachtet genau, wie die Stofffasern reagieren und wie sie sich eventuell verändern. Fertigt eine Tabelle an und notiert alle eure Beobachtungen.

Erkennt ihr Zusammenhänge zwischen Zweck und Eigenschaften der jeweiligen Stoffart?

Quelle: Karpinski, Dorothea / Mönning, Petra (Mülheim an der Ruhr, 2001): „Baumwolle - eine Aktivmappe, 12

Hintergrund Informationen

Regionale Anbindung: Schafwolle

von Magda Schumacher

Schafwolle – eine selten gewordene, nützliche Textilfaser unserer Region

Schafwolle hat heute längst nicht mehr die Bedeutung, die sie früher einmal hatte. Auf Naturfasern bezogen ist Baumwolle die Faser mit der größten Verbreitung. Neben weiteren bei uns wachsenden Naturfasern wie Flachs und Hanf ist einheimisch erzeugte Wolle kaum noch im Handel zu finden. Die im Textilgewerbe verwendete Wolle stammt in erster Linie von Merino-Schafen, die in Australien und Neuseeland gehalten werden. Der klassische Wollpullover ist heute oft nur noch mit Wollbeimischung oder komplett aus wollähnlich aussehender Kunstfaser gestrickt. An Kleidungsstücke werden heute andere Ansprüche gestellt als vor 50 Jahren. Sie müssen pflegeleicht, mit der Maschine waschbar, billig und chic sein. Diese Kriterien werden von Baumwolle und Kunstfaser eher erfüllt.

Dennoch sehen wir immer mal wieder Schafe, wenn wir übers Land fahren. Auch in der Lüneburger Heide existieren heute noch die für die Landschaft typischen Heidschnucken. Schafe werden bei uns nicht mehr für die Produktion von Wolle gehalten. Im Gegenteil, das jährliche Scheren der Tiere ist teuer. Die Wolle ist lästiges Abfallprodukt und kann allenfalls für Isolierzwecke noch Verwendung finden. Der Preis mit 0,10 bis 0,20 € pro kg Rohwolle geht gegen Null. So sorgen Züchtungsprogramme auch nicht für eine Verbesserung der Wollqualität einheimischer Schafrassen, sondern für ein gänzliches Verschwinden des für die Schafe typisch üppigen Wollkleides. An der Lehr- und Versuchsanstalt für Landwirtschaft der Landwirtschaftskammer Hannover/Oldenburg in Echem bei Lüneburg werden einheimische Rassen mit NOLANA-Schafen (keine Wolle) gekreuzt, um „wollfreie“ Tiere zu erhalten, die nicht mehr geschoren werden müssen.

Trotz dieser Entwicklung ist Schafwolle sehr vielseitig verwendbar, hat hervorragende Trageeigenschaften und ist in allen Ländern der Welt herstellbar.

Im Folgenden soll das Schaf als Lieferant des Produktes „Wolle“ näher vorgestellt werden. Daneben wird das am SCHUBZ angebotene Projekt „Unsere Schafwolle – von der Schur zum Garn, Filz und Stoff“ beschrieben, und es werden für Lehrkräfte der Grundschule Arbeitsblätter für den projektbezogenen Unterricht vorgestellt.

Während sich die Schüler mit der Schafwolle beschäftigen, entwickeln sie auch ein Interesse für andere Textilfasern. Auf diese Weise wird ein situierter und schülernaher Einstieg zum Beispiel ins Thema „Baumwolle" und Kleidung möglich. Darüber hinaus stellt dieses Teilprojekt den Bezug zur historischen und regionalen Bedeutung von textilen Rohstoffen her.

■ Schafe mit ihren Lämmern (SCHUBZ-Projekt „Unsere Schafwolle")

Hintergrundinformation

Die Geschichte der Lüneburger Heide und ihrer Schafe

Heidschnucken prägen das Landschaftsbild der Lüneburger Heide schon seit Tausenden von Jahren. Die Nachfahren ehemals wild lebender Mufflons, - die Heidschnucken - sorgen für den Schutz der Heideflächen, indem sie junge Baumsprösslinge fressen, sodass kein Wald entstehen kann. Früher waren die Schafe die Lebensgrundlage der in der Heide lebenden Menschen. Bevor die Schnucken in mühevoller Handarbeit geschoren wurden, schwammen sie in Bächen und die Hirten wuschen so die Wolle. Heute ist die Schafschur ein Verlustgeschäft. Dennoch findet sie einmal im Jahr statt und ist sogar laut Tierschutzverordnung vorgeschrieben.

Früher gab es viele und große Herden dieser Schafe. Solange sie weideten, behielt die Heide ihr romantisches Gesicht. Aber die Tiere wurden weniger. Einst waren es 400.000, heute sind es vielleicht noch 20.000 - etwa 40 Herden, die vor allem in den Naturparks weiden und dort auf ihre Art für den Naturschutz sorgen. An anderen Stellen, wo die nachwachsenden Bäume nicht mehr gestört werden, sind längst wieder Wälder entstanden.

■ Quelle: VNP Lüneburger Heide

Die in früheren Jahrhunderten auf den besseren Böden in Deutschland landläufig übliche „Dreifelderwirtschaft“ (nacheinander Anbau von Sommergetreide und Wintergetreide, danach ein Jahr Brache) hat es in der Heide nicht gegeben. Hier wurde der „ewige“ Roggenanbau betrieben. Nach einer kräftigen Düngung mittels Schafmist baute man Roggen an, der anfangs etwa die fünf- bis sechsfache Einsaatmenge an Ertrag brachte. Heute kann wegen der Züchtung von Hochleistungssorten und dem Einsatz von Düngern und Pflanzenschutzmitteln oft mehr als das Fünfzigfache der Einsaatmenge geerntet werden.

Fiel bei den Heidebauern früherer Zeiten der Ertrag an Roggen nach einigen Jahren Anbau auf immer derselben Fläche unter die doppelte Einsaatmenge, so wurde für ein Jahr Rauhhafer gesät. Dann folgte ein Jahr Buchweizen. Danach fiel das Land in die „Dreesch“, d.h., es wurde nur noch zur Schnuckenweide genutzt, bis nach einigen Jahren mit einer kräftigen Schafmistdüngung der insgesamt etwa 9-11 Jahre dauernde Zyklus wieder von vorn begann.

Der Mist bestand aus dem Schnuckendung und der humusreichen Einstreu in die Schafställe, den Heideplaggen. Zur Gewinnung der Plaggen wurde die obere Bodenschicht (Heidepflanze plus Humusauflage) abgezogen. Diese sehr arbeitsaufwendige Tätigkeit (es finden sich Berichte, nach denen zwei Knechte eines Hofes das ganze Jahr nichts anderes machen konnten als „Heide stechen“) ergab einen relativ geringwertigen Dünger. Im Laufe der Jahrhunderte wurden die Heide-Böden durch die ständige Nährstoffentnahme immer ärmer, die Bildung einer Vegetationsschicht dauerte immer länger, die weitere Erzeugung von Dünger wurde entsprechend immer schwieriger. Die extrem zunehmende Bevölkerungsdichte im 18./19. Jahrhundert verlangte jedoch eine weitere Intensivierung dieser Art der Landwirtschaft, was schließlich zur Übernutzung der natürlichen Ressourcen und damit zur Verwüstung der Landschaft führte - die Heidebauernwirtschaft war nicht mehr in der Lage, die Menschen zu ernähren, geschweige denn, Überschuss für den Verkauf an die Stadtbevölkerung zu erwirtschaften.

■ Typische Pflanzen der Heidebauern: Roggen, Hafer, Buchweizen (von oben nach unten)

Die Heidschnucke

■ Quelle: VNP Lüneburger Heide

Die graue gehörnte Heidschnucke ist ein Wildschaf und stammt vom Mufflon Sardiniens und Korsikas ab. Sie ist in beiden Geschlechtern gehörnt, bei den Widdern formt sich das Gehörn zur Schnecke. Die Bezeichnung „Schnucke" kommt von „schnökern", das ist Neugier- und Abwechslungsfraß. Die Heidschnucke ist sehr genügsam und frisst das trockene Heidekraut, sowie alles was am Wegrand wächst. Sie versteht es, den dürftigen Pflanzenbewuchs der Heide voll zu nutzen.

Heute werden diese Tiere vielfach zur Landschaftspflege eingesetzt. Die anspruchslose „Schnucke" ist der norddeutschen kargen Heide und Moorlandschaft gut angepasst. In die Heide zieht die Herde vorwiegend im Spätsommer und Herbst, um während der Heideblüte die Spinnweben, in denen sich die Bienen verfangen, zu zerreißen. Zum Abend hin zieht die Herde aus der Heide in den Pferch oder in den Stall, um eine Überdüngung der Heiden zu vermeiden.

Die Heidschnucken gehören zu den Gemischtwollrassen. Über dem weichen Unterfell schützt das grobe Grannenfell vor Witterungseinflüssen. Die Wolle ist etwas kratzig. Die Schnucke wiegt etwa 50 kg. Im Frühjahr kommen die Lämmer zur Welt. Im Mai werden die Tiere geschoren. Ein Mutterschaf ergibt bei der Schur etwa 1,2-1,5 kg Wolle. Die Wolle hat heute nahezu keinen Wirtschaftswert. Eine Heidschnucke kann bis zu 12 Jahre alt werden. Die Tragezeit der Muttertiere dauert 150 Tage. Das Lamm, bei der Geburt noch schwarz, wiegt etwa 4,5 kg. Ab der zweiten bis dritten Woche beginnt das Lamm feste Nahrung zu sich zu nehmen und wird damit zum Wiederkäuer. Das Gewicht schlachtreifer Jährlinge beträgt etwa 30-35 kg, das der Muttertiere um die 45 kg. Böcke wiegen etwa 50 kg. Das Fleisch hat einen besonders feinen, wildartigen Geschmack.

Weitere Schafrassen in Deutschland

Rund 2,3 Millionen deutsche Schafe teilen sich heute in circa 30 Rassen auf. Viele Rassen haben nur lokale Bedeutung. Mehr als die Hälfte aller deutschen Schafe gehören den Rassen Schwarzköpfiges Fleischschaf, Ostfriesisches Milchschaf und dem Merinolandschaf an. Das zuletzt genannte stellt einen Anteil von 30 % aller Schafe. Seine Beliebtheit beruht auf der Vielseitigkeit, die einen guten Wollertrag mit hohen Gewichtszunahmen und einem guten Fleischertrag kombiniert. Entstanden ist die Rasse bereits im 18. Jahrhundert als feinwollige

Merinoschafe aus Spanien mit deutschen Landrassen gekreuzt wurden. Über Jahrhunderte war die Ausfuhr von Merinos aus Spanien verboten, denn damit sicherte sich das Land den Export der feinsten Wolle in seine europäischen Nachbarländer.

Regional- und Landrassen, die an ihre jeweiligen Herkunftsregionen sehr gut angepasst sind, findet man heute nur noch selten. Ein großer Teil dieser Nutztierrassen sind vom Aussterben bedroht. Zu dieser Gruppe gehören beispielsweise das Rhönschaf, das Leineschaf, das Rauhwollige Pommersche Landschaf, das Vierhornschaf oder das Coburger Fuchsschaf.

Wolle

Das Fell besteht aus Wollhaaren, Grannenhaaren und Stichelhaaren. Die Wollhaare bilden eine dichte, oft gekräuselte, dicht an der Haut wachsende Unterwolle. Grannen- und Stichelhaare ragen darüber hinaus und bedecken die Unterwolle. Einen besonderen Felltyp stellen die Leit- oder Sinneshaare z.B. um Maul und Augen dar. Besonders harte und lange Stichelhaare bilden Mähne bzw. Schweif. Im Inneren des Stichelhaars sitzt das aus abgestorbenen, verhornten Zellen bestehende Mark. Wollhaare haben kein Mark.

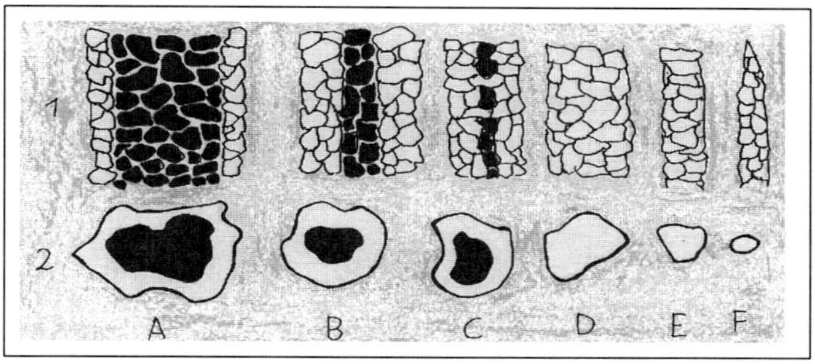

Die Struktur der Behaarung:

- 1. Längsschnitt,
- 2. Querschnitt
- D, E, F Wollhaar
- A, B Stichelhaar
- C Grannenhaar

Das Mark ist schwarz eingezeichnet

Die Oberfläche eines Schafhaars besteht aus einer Schicht von verhornten Schuppenzellen. Diese sind platt, überdecken einander und weisen mit ihrem freien Rand zur Haarspitze. Die Größe und die Randform dieser Schuppen sind bei den einzelnen Haartypen jeweils anders und unterscheiden sich auch bei den einzelnen Rassen. Auf 1 mm^2 entfallen 1.500 - 2.500 Schuppen.

Eine bedeutsame Eigenschaft der Schafwolle ist die mit der Feinheit (Stärke) der Faser zusammenhängende Kräuselung. Je feiner (dünner) die Faser, umso mehr Bögen befinden sich auf einer bestimmten Länge.

Durch Kräuselung zeichnet sich vor allem die Merinowolle aus, die von allen Schafwollen die feinste darstellt (1, 2, 3). Die rauste (stärkste) Wolle hat auf 1 cm Länge keinen Bogen (8), die feinste 12-15 Bögen. Eine optimale Kräuselung weist Nr. 3 auf.

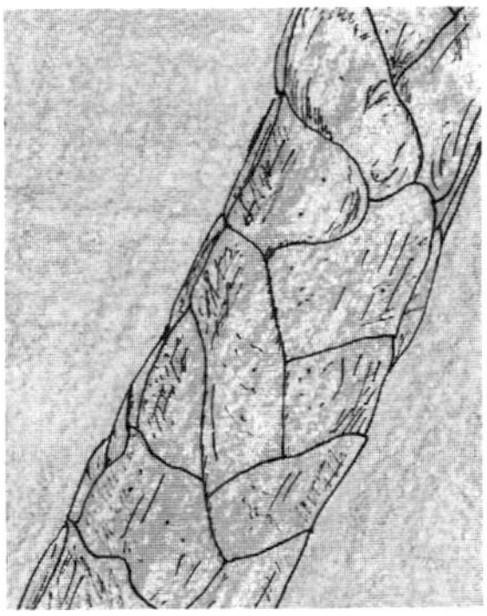

■ Schuppen des Wollhaares

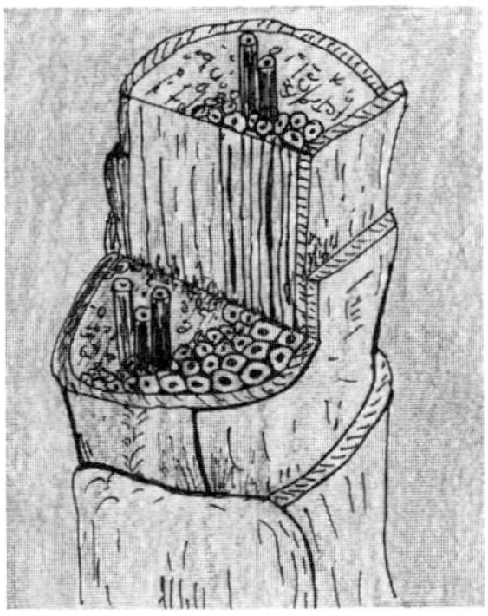

Querschnitt durch ein Wollhaar

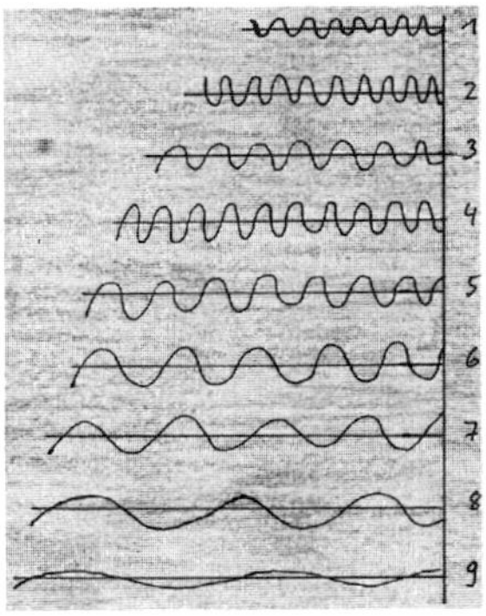

Kräuselungsstufen der Wollhaare

Zur Kulturtechnik des Schafscherens

Schafe schert man, da die Tiere heute keinen Fellwechsel mehr haben. Die warmen Sommertage wären für die Tiere eine Belastung. Außerdem möchte man die Wolle nutzen.

Die beste Zeit für die Schur sind die Tage nach den Eisheiligen (Ende Mai). An der Wolle erkennt man, wie gut das Schaf gefüttert und gepflegt wurde.

Heute erfolgt die Schur fast ausschließlich mit der elektrischen Schermaschine. Dazu setzt man das Schaf auf sein Hinterteil und klemmt den Kopf unter eins der Vorderbeine. Vorher sollte ein Scherkurs belegt werden, da man die Schafe leicht verletzen kann. Mit einer elektrischen Schermaschine dauert die Schur 5-10 Minuten und erfordert je nach Tier 80 – 150 Scherzüge.

Zuerst wird am Hals und am Bauch geschoren, die beste Wolle wächst an den Flanken und auf dem Rücken. Die so genannte Lockenwolle von Bauch, Bein und Kopfansatz ist weniger hochwertig. Die frisch geschorenen Schafe sollten nach der Schur einige Tage weder praller Sonne noch Dauerregen ausgesetzt werden.

Verarbeitung von Schafwolle und Filz

Filz ist ein textiles Produkt, das aus Schafwolle gewonnen wird und viele positive Eigenschaften hat. Insbesondere in Bezug auf eine nachhaltige Entwicklung sollen an dieser Stelle die besonderen Bedeutungen und Eigenschaften des nachwachsenden Rohstoffes für Textilien genannt werden.

Bedeutung und Eigenschaften von Filz

sehr ökologisch!

- nachwachsender Rohstoff
- unproblematische Verrottungseigenschaften aufgrund seines organischen Ursprungs
- langlebig auch ohne chemische Behandlung.

sehr ökonomisch!

- das Grundmaterial Wolle ist in allen Kontinenten erzeugbar. Ein Transport über weite Strecken ist unnötig
- die Verarbeitung ist mit relativ geringem technischen Aufwand zu bewerkstelligen
- die Materialien zur Verarbeitung (Färbemittel, Wasser, Seife etc.) sind ähnlich ökonomisch und ökologisch
- das Erlernen der Grundtechniken verlangt schon Kindern nichts Außergewöhnliches ab und ist nicht nur eine sinnvolle, sondern auch spielerisch kreative Tätigkeit
- neben künstlerischen und handwerklichen Entfaltungsmöglichkeiten werden auch körperliche Energien fruchtbar eingesetzt.

■ Filzen (SCHUBZ-Projekt „Unsere Schafwolle")

Die wichtigsten Eigenschaften des textilen Rohstoffes Filz

- natürlich, hautfreundlich, weich (je nach verwendeter Wolle)
- bedingt wasserabweisend (je nach Filztechnik)
- isolierender Körperwärmespeicher (auch feuchter Filz)
- luftdurchlässig
- schonend (z.B. Schuhe)
- robust (je nach verwendeter Wolle und Filztechnik)
- farbintensiv, lichtecht (je nach Färbung).

häuslicher Bereich

- isolierend, schalldämmend (Wärmedämmung, Trittschalldämmung)
- filternd (Hauswasserfilter etc.)
- Material schonend (Filznoppen für Stuhlbeine, Einlage für Schmuckkästchen)
- dekorativ, Wohnatmosphäre steigernd, gemütlich (Teppich, Wandbehang)
- mehr als pädagogisch wertvoll (Teddybär, Puppe, oder Tennisball).

industrielle Verwendung

- Filzdichtungen und -streifen
- Filzringe als Schmierdepot und zur Staubabdichtung
- Filzstanzteile als Lagerdichtung und -schmierung in der Motorenfertigung
- Filzröhren, Filzmanschetten, Filzwalzen, Filzdochte
- Filze für die Musikindustrie
- Filter zur Reinigung von Kraftstoffen in Dieselmotoren
- Filtermedien zur Staubabsonderung
- Tücher für Billardtische
- Inletts für Skistiefel und Motorradhelme.

Exkurs: Filz als nachwachsender Baustoff von Behausungen

Die Jurte - das Wohnzelt aus Filz, eine mongolische Behausung

Die Jurte ist eine zeltähnliche Behausung, die traditionell bei den mongolischen Nomaden aber auch von anderen asiatischen Nomadenvölkern verwendet wird. Sie ist innerhalb weniger Stunden auf- oder abgebaut und auf nur zwei Pferderücken transportabel verstaubar. Die handwerkliche Herstellung eines solchen Nomadenzeltes bedarf weniger einfacher Hilfsmittel und einer kurzen, jedoch sehr intensiven Zeit der Gruppenarbeit, allerdings auch einiges an Erfahrung

Quelle (Text und Bilder) : Lana et Textura, Berlin

Neben diesen Faktoren ist auch die Verwendung der Wolle der eigenen Herden ausschlaggebend dafür, dass das nomadische Filzzelt, aber auch die Filzkunst an sich, seit Jahrhunderten fester Bestandteil asiatischer, vor allem aber mongolischer Wohn- und Lebenskultur ist. Heute gibt es in mongolischen Städten, wie z.B. Ulan-Bator, neben modernen Hochhäusern Stadtteile, die nur aus Jurten bestehen. Diese entsprechen jedoch nicht immer den traditionellen Bauweisen, sondern sind aufgrund von Armut und mangels Material z.T. mit Karton, Plastikplanen oder Blech bekleidet. Zudem gibt es auch viele Jurten im Bereich der Städte, die Reichere wie eine Art Wochenendhaus nutzen und die durchaus traditionell gepflegt sind. Bei den Nomaden selbst, die abseits der rasenden technischen Revolutionen leben, ist eine Veränderung durch den Zahn der Zeit meist weniger deutlich erkennbar, manchmal nur durch ein Radio im Inneren, jedoch oft durch das Wegfallen der offenen Feuerstelle, welche durch einen Ofen ersetzt wurde. Nicht zuletzt haben die bis 1992 herrschenden politischen Verhältnisse eines diktatorischen Kommunismus die mongolischen Filztraditionen stark beeinträchtigt. Vielleicht aufgrund der Öffnung gen Westen oder ökologischer Strömungen, aber sicher wegen der eigenemanzipatorischen Entwicklung der Mongolei, ist das Interesse am Filzen und seinen Traditionen wieder in blühendem Wachstum begriffen.

Wohnen in der Jurte

Man steht in einem warmen Raum ohne einen Windzug, und dennoch fühlt man sich durch die Akustik im Freien stehend. Man kann die Vögel hören. Es wird wohl kein anderes Bauwerk geben, dessen unbeheizte Wände sich warm anfühlen. Hingegen wird keine Wärme gespeichert - es ist nur solange warm, wie eine Heizung die Wärme liefert - danach sinkt die Temperatur innerhalb weniger Stunden auf Außentemperatur. Trotzdem ist 'Zimmertemperatur' auch bei Minusgraden außen möglich. Im Inneren bewirken die Farben des Filzes, des Holzgerüstes und der verschiedenen Schmuckbänder eine sehr behagliche Atmosphäre.

Wolle und Schafe als Thema im Unterricht

Aufgrund ihrer Größe sind Schafe ideale Nutztiere auch für kleinere Kinder. Zu den im Frühjahr geborenen Lämmern fühlen sich nicht nur Kinder, sondern auch Erwachsene hingezogen. Einmal ein Lämmchen auf dem Arm halten ist ein besonderes Erlebnis.

Wolle ist ein ideales Material, um mit Kindern und Erwachsenen den Weg vom Tier bis zum fertigen Produkt handlungsorientiert, künstlerisch und spielerisch nachzuvollziehen. Von der Schafschur über die Wollwäsche, dem Färben der Wolle, dem Kardieren und schließlich Verspinnen oder Filzen sind die Projektteilnehmer auch körperlich voll im Einsatz.

Exkursionstipp: „Schüler erleben Schafwolle"
Ein pädagogisches Projekt des Schulbiologie- und UmweltBildungsZentrums Lüneburg

Das Projekt wird in der Lehr- und Versuchsanstalt der Landwirtschaftskammer in Echem durchgeführt. Das pädagogische Projekt kann mit einer Grundschulklasse folgendermaßen in der Praxis ablaufen:
Die Klasse wird in zwei Gruppen geteilt. Während eine Klassenhälfte den Schafstall erkundet, beschäftigt sich die andere mit der Verarbeitung von Wolle. Nach 45 Minuten wechseln die Gruppen.

Station Schafstall
Die Tiere werden gefüttert und eventuell eingestreut, das Wasser wird erneuert, die Lämmer werden gezählt. Die verschiedenen Schafrassen können voneinander unterschieden werden. Manchmal kann man auch bei einer Geburt zuschauen. Jedes Kind bekommt einmal ein Lämmchen auf den Arm wenn es das möchte. Die Gruppe sieht zu, wie die Lämmchen bei ihrer Mutter trinken. Wenn es Flaschenlämmer gibt, können diese von den Kindern getränkt werden. Wichtig ist hier der Kontakt zu den Tieren. Die Gruppe sieht sich auch die Futtermittel an und forscht, warum die Schafe nicht mehr Kraftfutter bekommen, obwohl sie dieses so schrecklich gern mögen. Zum Abschluss wird der Fragebogen „Allerlei über Schafe" (s. Kopiervorlage) bearbeitet.

■ Glücklich mit dem Lämmchen auf dem Arm (SCHUBZ-Projekt „Unsere Schafwolle")

Station Wollverarbeitung

Die Schüler beschäftigen sich mit der Schafwolle. Anhand von mehreren Stationen wird Wolle gewogen, gewaschen, gekämmt zu Garn verdreht. An verschiedenen Strickwaren sollen sie herausfinden welche aus Wolle sind. Sie lernen, dass es neben der Schafwolle auch noch andere Fasern gibt.

Abschließendes Filzen

Aus der vorher gekämmten Wolle kann nun gefilzt werden. Je nach Zeit und Alter erstellen die Kinder einen Filzball oder ein Filztier. Hierbei wird Nassfilzen und Trockenfilzen kombiniert.

Über die Bearbeitung der Schafwolle besteht für die Schüler die Möglichkeit auch andere Rohstoffe, wie beispielsweise die Baumwolle, kennen zu lernen. Somit könnte durch dieses pädagogische Projekt bereits in der Grundschule sehr erfahrungsorientiert zum Thema „Globalisierung“ hingeführt werden. Die Schüler können über das Erleben von originären Schafen und durch das handwerkliche Tun des Filzens eingestimmt werden, um die Weltreise einer Jeans im Anschluss zu thematisieren. Sie stellen dann auch Bezüge zur eigenen Region her, indem sie Transportwege, Verarbeitungs- und Herstellungsbetriebe bei Baumwolle und bei Schafwolle vergleichen.

■ Erste Ergebnisse beim Nassfilzen (SCHUBZ-Projekt „Unsere Schafwolle“)

Allerlei über Schafe

Trage den richtigen Namen für die Schaffamilie in die Zeilen ein!

____________ ____________ ____________

Warum werden heute Schafe gehalten?

1. ________________________
2. ________________________
3. ________________________
4. ________________________

Kreuze die richtige Antwort an !

Schafe sind Wiederkäuer und fressen Gras und Heu	○ ja	○ nein
Meist bekommen Schafe Zwillinge oder Drillinge	○ ja	○ nein
Die Lämmer sind bei der Geburt noch ohne Haare	○ ja	○ nein
Die Tragezeit (Schwangerschaft) dauert 5 Monate	○ ja	○ nein
Schafe sind die ältesten Haustiere des Menschen	○ ja	○ nein
Es gibt Schafrassen mit 4 und mehr Hörnern	○ ja	○ nein
Schafe leben in Rudeln	○ ja	○ nein

Allerlei über Schafe

Lösungsblatt

Trage den richtigen Namen für die Schaffamilie in die Zeilen ein!

Widder/Bock Lamm Mutterschaf

Warum werden heute Schafe gehalten?

1. um Wolle und Felle zu erzeugen
2. um Milch und Fleisch zu erzeugen
3. Für die Landschaftspflege
4. Zur Sicherung der Deiche

Kreuze die richtige Antwort an !

Schafe sind Wiederkäuer und fressen Gras und Heu	● ja	○ nein
Meist bekommen Schafe Zwillinge oder Drillinge	● ja	○ nein
Die Lämmer sind bei der Geburt noch ohne Haare	○ ja	● nein
Die Tragezeit (Schwangerschaft) dauert 5 Monate	● ja	○ nein
Schafe sind die ältesten Haustiere des Menschen	● ja	○ nein
Es gibt Schafrassen mit 4 und mehr Hörnern	● ja	○ nein
Schafe leben in Rudeln	○ ja	● nein

Name: ....

Unsere Schafwolle

Von der Schur zum Garn, Filz und Stoff

Die Schur

Im .... werden die Schafe geschoren. Die Wolle wird mit einer elektrischen .... in einem Stück herunter geschnitten. Das abgeschorene Fell heißt .... Beim Scheren hat das Schaf .... Aber es tut ihm nicht .... Pro .... bringt ein Schaf 1 – 3 Kilogramm ....

Setze ein: Angst, Wolle, Jahr, Schermaschine, Frühjahr, Vlies, weh

Wiege 1 Kilogramm Wolle ab !

Vom Schaf zur Wolle

Schneide die Bilder aus und klebe sie in der richtigen Reihenfolge auf. Schreibe einen Satz dazu.

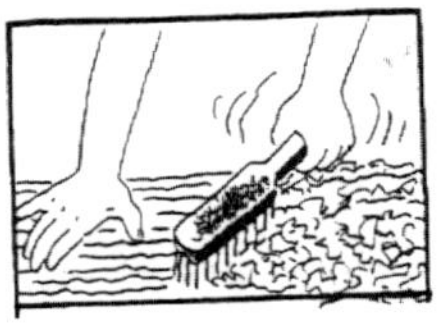

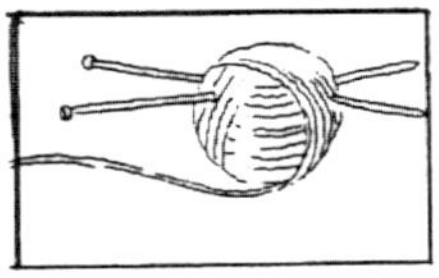

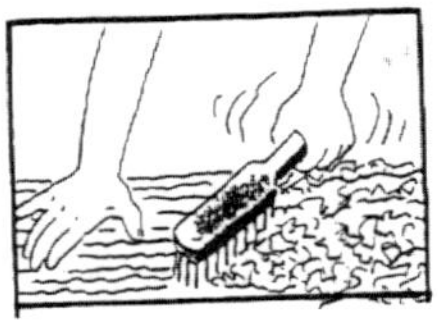

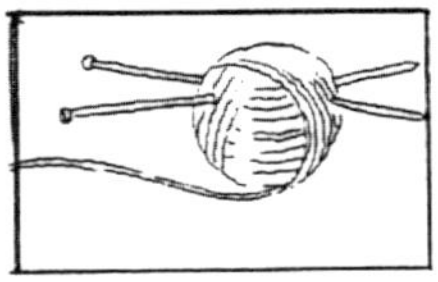

Vom Schaf zur Wolle

Schneide die Bilder aus und klebe sie in der richtigen Reihenfolge auf. Schreibe einen Satz dazu.

Gewaschen oder ungewaschen?

Klebe richtig auf:

gewaschen	ungewaschen

Was fällt dir auf?

____

____

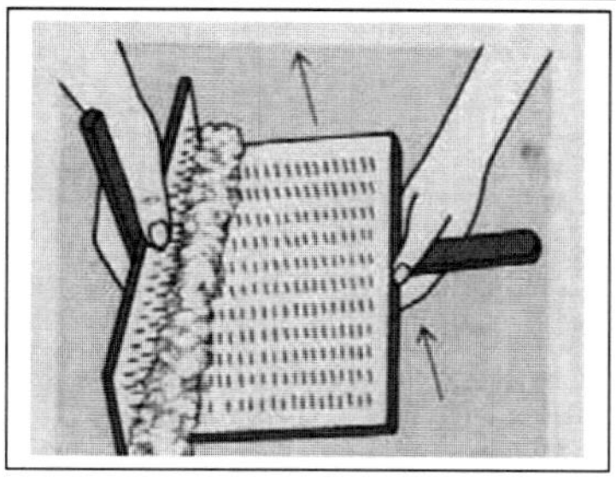

Wolle kämmen

Lasse dir das Wollkämmen zeigen und klebe hier etwas von der gekämmten Wolle auf.

Wolle spinnen

Drehe dünngezogene Schafwolle zu einem Wollfaden. Zwei Kinder arbeiten zusammen.

Klebe deinen Wollfaden hier auf

Filzen

Das Wollhaar des Schafes hat eine schuppige Außenschicht.

Durch warmes Wasser und Schmierseife stellen sich die Schuppen auf.

Wird die nasse Wolle stark gerieben und gedrückt, verhaken sich die Wollhaare ineinander und verfilzen.

Zeichne ein wie die Wolle jeweils aussieht

Alles Wolle?

Finde heraus welche der ausgelegten Kleidungsstücke aus Wolle sind.

Aus Wolle: ....

....

....

Welche Fasern finden wir sonst noch in unserer Kleidung?

wächst am Baum: ....

Wird aus Raupenkokons gesponnen:

....

Wird aus Erdöl hergestellt:

Stoffe aus verschiedenen Materialien

Hintergrund Informationen

Kleidung

Kleidung erfüllt neben einer Wärme- und Schutzfunktion vor allem auch soziale Funktionen. Sie drückt Lebensgefühl, Zugehörigkeit zu einer sozialen Gruppe oder auch politische Meinungen aus:

> *„Wie ich mich kleide, so bin ich"*
> oder auch:
> *„Kleider machen Leute"*
> (Gottfried Keller, Schweizer Schriftsteller und Dichter)

Wenn es ein Land gibt, in dem dieser Satz gilt, dann ist es Deutschland. Mit einem jährlichen Pro-Kopf-Einkauf von durchschnittlich 12 bis 15 kg Kleidung - rund 28 neue Kleidungsstücke - haben wir in der ‚Konsumschlacht' die Nase vorn. In Indien beispielsweise beträgt der jährliche Pro-Kopf-Verbrauch lediglich 2 kg, in Kamerun 0,5 kg.

Gleichzeitig werfen wir ca. 600.000 Tonnen Textilien pro Jahr wieder weg, d.h. wir geben sie in Altkleidersammlungen. Davon sind etwa 35 bis 40 Prozent noch tragbare Kleidungsstücke – in Stückzahlen umgerechnet mindestens 300 Millionen einzelne Kleidungsstücke!

> *„Ich bin gegen Mode, die vergänglich ist.*
> *Ich kann nicht akzeptieren,*
> *dass man Kleider wegwirft, nur weil Frühling ist."*
> (Coco Chanel, Modeschöpferin)

Was heute „in" ist, kann morgen schon wieder „out" sein. Es gibt kaum einen Lebensbereich, der nicht der Mode unterworfen ist: Essen, Möbel, Reiseziele, Sportarten usw. In der Kleidung aber zeigen sich modische Trends und ästhetische Merkmale am auffälligsten. Nicht ohne Grund geben junge Menschen (zwischen 7 und 20 Jahren) ca. 18 Milliarden Euro pro Jahr für Kleidung aus.

Der Ursprung der Mode ist in der Grundveranlagung des Menschen zu suchen, sein Aussehen und seine Umgebung zu verschönern. Soziologen sprechen in Bezug auf Kleidung von drei Funktionen, die diese zu erfüllen hat: Sie dient dem Schutz, als Schmuck und drückt Erotik aus.

„Doch was ist schön?" Diese Frage beantwortet – trotz aller gesellschaftlichen Vorgaben – jeder Mensch unterschiedlich.

> *„Der Mode entkommt man nicht. Denn auch wenn Mode aus der Mode kommt, ist das schon wieder Mode."*
> (Karl Lagerfeld, Deutscher Modeschöpfer)

Mit der passenden Kleidung kann man seine Stimmung ausdrücken, den Typ verändern oder unterstreichen, das Alter verstecken oder bestimmte Charaktereigenschaften betonen. Man kann sich bewusst von einer (sozialen oder politischen) Gruppe abheben oder die Zugehörigkeit zu einer Gruppe deutlich machen. Kleidung kann einen gesellschaftlichen Status oder bestimmte Normen, aber auch die eigene (gewünschte oder geforderte) Rolle ausdrücken. Die vielfältigen Funktionen verdeutlicht die folgende Grafik:

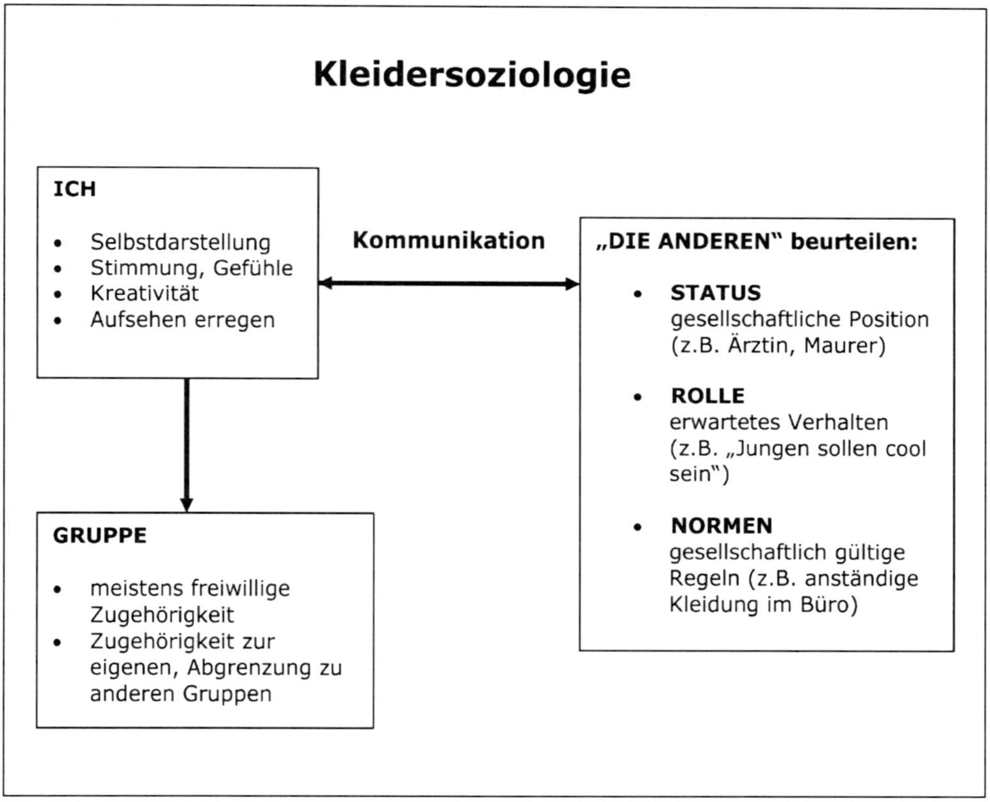

Kleidung ist eine Sprache, die viel über den Träger oder die Trägerin verrät:
Bin ich ein „Öko" mit labbrigem Wollpullover, ein „Yuppie" im Anzug oder ein „Girly" im knappen Blümchen-Shirt – mein Gegenüber sieht mein Äußeres, und ordnet mich entsprechend einer „Richtung" zu. Diese Art, sich selbst und andere in bestimmte „Schubladen" einzuordnen, verhilft uns zu einem sicheren Umgang miteinander. Schwierig allerdings wird es dann, wenn aus dem Orientierungsrahmen starre Vorurteile werden.

■ Quelle: Erklärung von Bern u.a. (Zürich 1996): Kleider, Mode, Märkte, 33

Praxis Tipps

Anregungen für die Unterrichtsgestaltung

Lernziele

Die Schülerinnen und Schüler

- erkennen und beschreiben gesellschaftliche Funktionen der Kleidung bzw. Kleidung als spezifische Kommunikationsform,
- setzen sich mit ihrem eigenen Modeverhalten und ihrer Identität auseinander.

Lied: „Grün, grün, grün sind alle meine Kleider“

Altersstufe: Grundschule
Dauer: 5 – 20 min

Kopiervorlage vorhanden (Arbeitsblatt 5, S. 96)

Gerade für Jüngere eignet sich das Lied: „Grün, grün, grün sind alle meine Kleider“ gut als Einstieg für das Thema „Kleidung“ bzw. zur Fragestellung: „Was sagen unsere Kleider aus?“ Die Schüler/innen können weitere Berufskleidungen nennen, die ebenfalls gesungen werden.

Gemeinsam kann anschließend überlegt werden:

- Gibt es noch weitere Berufe, in denen Kleidervorschriften herrschen?
- Ziehen auch die Eltern der Schüler/innen spezielle Kleidung zur Arbeit an, z.B. Anzug und Krawatte?
- Warum gibt es in bestimmten Berufen Kleidervorschriften?

Ergänzender Text: Mönter, Burckhard & Pieper, Susanne (1999): Schau mal – Kleider, Kleider, Kleider. Luzern, S. 8/ 9.

Märchen: „Des Kaisers neue Kleider"

Altersstufe: Grundschule
Dauer: 15 – 30 min

Kopiervorlage vorhanden (Arbeitsblatt 6, S. 97-98)

Das Märchen von Hans Christian Andersen eignet sich ebenfalls sehr gut als Einstieg in das Thema „Kleidung". Speziell die Frage, was wir durch unsere Kleidung ausdrücken möchten bzw. was eigentlich „Mode" ist und bewirkt, können auf dieser Grundlage diskutiert werden.

„Jede Generation lacht über Moden, aber folgt den neuen treu."
(Henry David Thoreau, Amerikanischer Schriftsteller und Philosoph)

Pantomime: Kleidung / Mode

Altersstufe: Ab Klasse 3
Dauer: Mind. 45 min

Hierfür müssen zuvor Zettel mit Begriffen rund um die Thematik vorbereitet werden, z.B. Stöckelschuhe – Claudia Schiffer – Nähmaschine - Jeans - Esprit – Umkleidekabine – Schlaghose – Baseballkappe - Kapuzenpulli – Laufsteg – Strümpfe stricken – Schneiderin – Näherin - Pelzmantel – Kopftuch – Schmuck - …

Es werden zwei Gruppen gebildet. Nacheinander werden die Zettel von einzelnen Gruppenmitgliedern gezogen. Die übrigen Mitglieder der Gruppe müssen raten, um welchen Begriff es sich handelt. Zunächst erhalten die eigenen Gruppenmitglieder 3 Minuten lang die Chance den Begriff zu erraten. Sollte der Begriff dann noch nicht erraten worden sein, haben die Mitglieder der anderen Gruppe die Möglichkeit, den Begriff zu erraten.

Vgl. Kampagne für Saubere Kleidung (1997): Jugend, Kleidung, Mode – Vom Baumwollfeld zur Altkleiderkiste, 19.

Collagen: Was sagst Du mit Deiner Kleidung?

Altersstufe: Ab Klasse 4

Dauer: Mind. 45 min

➡ **Arbeitsauftrag**

Sucht aus Katalogen, Prospekten und Modezeitschriften Kleidungstücke heraus, die euch gefallen, die ihr witzig findet usw. Gestaltet eine Collage, indem ihr euch aufmalt und mit den Kleidungsstücken verseht. Schreibt in Sprechblasen Aussagen, die zu eurer Erscheinung passen.

Folgende Satzanfänge könnten hilfreich sein:

„Mit meinem Kapuzenshirt sehe ich _______________ aus."

„Wenn ich sportlich aussehen will, trage ich mein/e__________"

Anschließend könnt ihr noch einen Freund / eine Freundin befragen: Stimmt sein / ihr Eindruck mit den eigenen Aussagen überein?

Vgl. Karpinski, Dorothea / Mönning, Petra (Verlag an der Ruhr, Mülheim 2001): Baumwolle - Eine Aktivmappe, 70ff.

„Wozu Socken? Sie schaffen nur Löcher!"

(Albert Einstein, Deutscher Physiker und Nobelpreisträger)

Schreiben: Mein Lieblings-T-Shirt erzählt....

Altersstufe: Ab Klasse 4
Dauer: Mind. 45 min

➡ Arbeitsauftrag:

Bestimmt hast du ein Lieblings-T-Shirt oder eine Lieblingshose.
Schreibe auf:

Warum ist es dein Lieblingskleidungsstück?
Wie lange hast Du es schon?
Hast Du es selbst gemacht, gekauft oder geschenkt bekommen?
Hat das Kleidungsstück eine besondere Geschichte?
Hast Du damit schon einmal etwas Besonderes erlebt?
Zu welchen Gelegenheiten ziehst du es an?

Angelehnt an: http://www.agendakids.muc.kobis.de; Ökoprojekt Mobilspiel e.V., München.

Befragungen: Wie kleiden sich Jugendliche in unserer Schule?

Altersstufe: Ab Klasse 4; die Fragen müssen je nach Altersgruppe etwas angepasst werden
Dauer: Im Rahmen eines Projekttages oder 2 x 90 min

Die Schüler/innen sollen sich einmal in ihrer Klasse und Schule umsehen, um die Vielseitigkeit, aber auch bestimmte Trends in Sachen Kleidung zu erkennen.

➡ Arbeitsauftrag:

Bereitet ein Interview vor. Entwickelt einen Fragebogen, mit dem ihr Informationen über die Jugendlichen und ihre Kleidung ermittelt. Die Antworten sollen auf dem Fragebogen notiert werden.

Folgende Punkte könnt ihr erfragen:

- Alter
- Geschlecht
- Lieblingskleidungsstück (Gründe)
- Lieblingsschnitt (eng, locker, weit, kurz,...)
- Lieblingsfarbe
- Lieblings-Label (Marke)
- Wie lange wird ein Kleidungsstück in der Regel getragen?
- Ausgaben für Kleidung im Monat / Jahr
- Wer bezahlt die Kleidung?

Überlegt, ob ihr weitere Fragen stellen wollt und ergänzt diese Punkte.
Vervielfältigt die Fragebögen und lasst sie von anderen Kindern/Jugendlichen ausfüllen oder befragt sie direkt, z.B. in der großen Pause.

Sammelt alle Ergebnisse und fasst sie auf einem großen Plakat zusammen:

- Welche Kleidung tragen Jungen und Mädchen am Liebsten?
- Was ist ihnen daran besonders wichtig?
- Wie viele der befragten Personen tragen Jeans?
- Könnt ihr Trends erkennen hinsichtlich besonders „angesagter" Farben, Schnitte, Marken usw.?
- Gibt es Unterschiede zwischen verschiedenen Altersgruppen?
- Wie lange werden Kleidungsstücke getragen?
- Wie viel Geld geben Kinder / Jugendliche für Kleidung aus?

Fragen für die Diskussion:

- Gibt es in der Schule oder in Cliquen unabgesprochene aber doch spürbare Kleidervorschriften? Welche sind das? Was für Gruppen gibt es in der Schule?
- Woran erkennen die Schüler/innen, was gerade „in" ist?
- Was riskiert jemand, der / die sich nicht daran hält?
- Welche Vor- oder Nachteile hat jemand, der / die sich immer nach der neuesten Mode kleidet?
- Gibt es Schüler/innen, die aus finanziellen Gründen nicht mitmachen können?

Vgl. PING (2001): Eine Musterkollektion für Marie und Alexander. Wir kleiden und schmücken uns, Kapitel 2.03A/B.

Internet-Recherche: Das Jeans – Projekt

Altersstufe: Ab Klasse 5
Dauer: 45 - 180 min

Die Schüler/innen befassen sich im Rahmen einer Internet-Recherche mit der Geschichte der Jeans. Mögliche Recherche-Stichworte sind z.B. „Jeans“ oder „Levi Strauss“. Ihre Ergebnisse präsentieren sie in der Klasse.

Eine abwechslungsreichere Form der Ergebnis-Darstellung erfolgt, indem die Schüler/innen die Aufgabe erhalten, sich Fragen zu überlegen, deren Antworten sie im Rahmen der Recherche gefunden haben.

Fragen und Antworten werden auf getrennten Karten festgehalten. Nun stellen die Schüler/innen in der Klasse abwechselnd die Fragen und die anderen versuchen, die richtigen Antworten zu finden. Die Kontrolle erfolgt mithilfe der Antwort-Karten.

Fragebogen / Diskussion: Modetest

Altersstufe: Ab Klasse 6
Dauer: Je nach Intensität der Diskussion zwischen 20 und 45 min

Kopiervorlage vorhanden (Arbeitsblatt 7, S. 99)

Die Schüler/innen setzen sich mit ihrem eigenen Modeverhalten auseinander. Hierzu füllen sie zunächst in Einzelarbeit den Fragebogen „Modetest“ aus.
Die Auswertung der Punktezahlen erfolgt in der Klasse:

- An der Tafel werden die Punktezahlen der vier Modetypen notiert.
- Die Anzahl der Schüler/innen zu jedem Modetyp wird eingetragen.
- Anschließend werden alle Modetypen mithilfe eines Overhead-Projektors visualisiert und vorgelesen.
- Stimmen die Schüler/innen mit ihrer Einordnung überein?

Vgl. Kampagne für Saubere Kleidung (1997): Jugend, Kleidung, Mode – Vom Baumwollfeld zur Altkleiderkiste, 15 f.; entnommen aus: GMÖ / Südwind (2005): Der Stoff aus dem die Träume sind. Vom eigenen Kleiderschrank bis zur Näherin in der Weltmarktfabrik. Ein Beispiel für Globalisierung.

Fragebogen / Diskussion: Entdeckungsreise durch den Kleiderschrank

Altersstufe: Ab Klasse 7

Dauer: 30 – 45 min, je nach Intensität der Diskussion

Kopiervorlage vorhanden (Arbeitsblatt 8, S. 100)

Die Schüler/innen sollen sich genauer mit dem Inhalt ihres Kleiderschranks befassen und hierzu einen Fragebogen ausfüllen. Eventuell kann dies eine Hausaufgabe sein.

Die Schüler/innen werden überrascht sein, wie viele Kleidungsstücke sich in ihrem Schrank befinden. In einer anschließenden Diskussion können folgende Fragen wichtig sein:

- Welche Bedeutung hat Mode für die Schüler/innen?
- Wie finanzieren sie ihren Kleidungsbedarf?
- Wie lange ist ein Kleidungsstück „neu"?
- Welches sind die Hauptgründe dafür, Stücke auszusortieren?
- Welche Gründe mag es für den extrem unterschiedlichen Pro-Kopf-Verbrauch an Bekleidung geben?

Quelle: Kampagne für Saubere Kleidung (1997): Jugend, Kleidung, Mode – Vom Baumwollfeld zur Altkleiderkiste, 17.

Entdeckungsreise durch deinen Kleiderschrank

1. Wie viele T-Shirts hast du, grob geschätzt?

- Und wie viele Hosen?
- Und Röcke, Hemden, Blusen?
- Und Unterwäsche, Socken?
- Und Sportbekleidung?
- Und Jacken / Mäntel?
- Und Schuhe, Stiefel, Sandalen, Sportschuhe?

2. Schätze, wie hoch ungefähr der Wert der in deinem Kleiderschrank verstauten Kleidung ist.

3. Ziehst du alle Sachen an?

- Wie viele Sachen trägst du nie oder ganz selten?
- Trägst du deine Sachen auf?
- Ab wann ist ein Kleidungsstück nicht mehr neu für dich?
- Was machst du mit Sachen, die du nicht mehr anziehen möchtest?

4. Gibt es für dich ein Lieblingskleidungsstück, das du niemals weggeben würdest?

Welche Geschichte hat es?

5. Was sagst du zum Kleiderverbrauch in verschiedenen Ländern: Deutschland: über 20 kg, Indien 2 kg, Kamerun 0,5 kg (jährlich)?

Quelle: Kampagne für Saubere Kleidung (1997): Jugend, Kleidung, Mode – Vom Baumwollfeld zur Altkleiderkiste, 17.

(Stumme) Diskussion: „Kleidung ist…"

Altersstufe: Ab Klasse 8
Dauer: 15 - 30 min, je nach Intensität der Diskussion

Um zunächst einmal relativ unverfänglich Meinungen und Ansichten zu den Thesen der Ausstellungstafel zu erfragen und als Grundlage für eine intensivere Diskussion, eignet sich eine „Stumme Diskussion":

Auf dem Boden wird mit einer Schnur und Kärtchen, auf denen die Zahlen von 1 bis 10 stehen, eine Skala ausgelegt. Nun werden einige der Aussagen der Ausstellungstafel vorgelesen und auf den Boden gelegt. Die Schüler/innen sollen die Karten mit den Aussagen gemäß ihrer Zustimmung auf der Skala einordnen (z.B. 10 = „Ich stimme voll zu"; 1 = „Ich finde diese Aussage komplett falsch"). Dies geschieht schweigend. Ist ein Schüler/ eine Schülerin mit einer Einordnung unzufrieden, legt er / sie die Karte einfach um.

Sind alle Schüler/innen mit der Rangfolge zufrieden oder ist absehbar, dass es bei einigen Aussagen keine Einigung geben wird, kann eine „laute" Diskussion, insbesondere zu den auseinanderdriftenden Punkten begonnen werden.

Zur Vertiefung

- Erklärung von Bern u.a. (Zürich 1995): Kleider, Mode, Märkte; insbesondere auch zum Thema „Werbung", das hier vernachlässigt wurde
- Karpinski, Dorothea / Mönning, Petra (Verlag an der Ruhr, Mülheim 2001): Baumwolle - Eine Aktivmappe
- Mönter, Burckhard / Pieper, Christiane (Luzern, 1999): Schau mal: Kleider, Kleider, Kleider
- Rosenkranz, Bernhard / Schmidt, Eva (Berlin, 1999): In Hülle & Fülle

Arbeitsblatt 5

Grün, grün, grün sind alle meine Kleider

Altes Spiellied

Grün, grün, grün sind alle meine Kleider,
grün, grün, grün ist alles was ich hab.
Darum lieb ich alles was so grün ist,
weil mein Schatz ein Jäger, Jäger ist.

Weiß, weiß, weiß sind alle meine Kleider,
Weiß, weiß, weiß ist alles was ich hab.
Darum lieb ich alles was so weiß ist,
Weil mein Schatz ein Bäckermeister ist.

Gelb, gelb, gelb sind alle meine Kleider,
Gelb, gelb, gelb ist alles was ich hab.
Darum lieb ich alles was so gelb ist,
Weil mein Schatz ein Postmann ist.

Schwarz, schwarz, schwarz sind alle meine Kleider,
Schwarz, schwarz, schwarz ist alles was ich hab.
Darum lieb ich alles was so schwarz ist,
Weil mein Schatz ein Schornsteinfeger ist.

Rot, rot, rot sind alle meine Kleider,
Rot, rot, rot ist alles was ich hab.
Darum lieb ich alles was so rot ist,
Weil mein Schatz ein Feuerwehrmann ist ist.

Bunt, bunt, bunt sind alle meine Kleider,
Bunt, bunt, bunt ist alles was ich hab.
Darum lieb ich alles was so bunt ist,
Weil mein Schatz ein Malermeister ist.

Das Lied kann weiter mit Farben kombiniert werden, zum Beispiel:

Blau - Fischermann
Orange - Müllmann.

Des Kaisers neue Kleider
(Hans Christian Andersen)

Vor vielen Jahren lebte ein Kaiser, der so ungeheuer viel auf neue Kleider hielt, dass er all sein Geld dafür ausgab, um recht geputzt zu sein. Er kümmerte sich nicht um seine Soldaten, kümmerte sich nicht um Theater und liebte es nicht, in den Wald zu fahren, außer um seine neuen Kleider zu zeigen. Er hatte einen Rock für jede Stunde des Tages, und ebenso wie man von einem König sagte, er ist im Rat, so sagte man hier immer: "Der Kaiser ist in der Garderobe!"
In der großen Stadt, in der er wohnte, ging es sehr munter her. An jedem Tag kamen viele Fremde an, und eines Tages kamen auch zwei Betrüger, die gaben sich für Weber aus und sagten, dass sie das schönste Zeug, was man sich denken könne, zu weben verstanden. Die Farben und das Muster seien nicht allein ungewöhnlich schön, sondern die Kleider, die von dem Zeuge genäht würden, sollten die wunderbare Eigenschaft besitzen, dass sie für jeden Menschen unsichtbar seien, der nicht für sein Amt tauge oder der unverzeihlich dumm sei.
'Das wären ja prächtige Kleider', dachte der Kaiser; wenn ich solche hätte, könnte ich ja dahinter kommen, welche Männer in meinem Reiche zu dem Amte, das sie haben, nicht taugen, ich könnte die Klugen von den Dummen unterscheiden! Ja, das Zeug muss sogleich für mich gewebt werden!' Er gab den beiden Betrügern viel Handgeld, damit sie ihre Arbeit beginnen sollten.
Sie stellten auch zwei Webstühle auf, taten, als ob sie arbeiteten, aber sie hatten nicht das geringste auf dem Stuhle. Trotzdem verlangten sie die feinste Seide und das prächtigste Gold, das steckten sie aber in ihre eigene Tasche und arbeiteten an den leeren Stühlen bis spät in die Nacht hinein.

'Nun möchte ich doch wissen, wie weit sie mit dem Zeuge sind!' dachte der Kaiser, aber es war ihm beklommen zumute, wenn er daran dachte, dass keiner, der dumm sei oder schlecht zu seinem Amte tauge, es sehen könne. Er glaubte zwar, dass er für sich selbst nichts zu fürchten brauche, aber er wollte doch erst einen andern senden, um zu sehen, wie es damit stehe. Alle Menschen in der ganzen Stadt wussten, welche besondere Kraft das Zeug habe, und alle waren begierig zu sehen, wie schlecht oder dumm ihr Nachbar sei.
'Ich will meinen alten, ehrlichen Minister zu den Webern senden', dachte der Kaiser, er kann am besten beurteilen, wie der Stoff sich ausnimmt, denn er hat Verstand, und keiner versieht sein Amt besser als er!'
Nun ging der alte, gute Minister in den Saal hinein, wo die zwei Betrüger saßen und an den leeren Webstühlen arbeiteten. 'Gott behüte uns!' dachte der alte Minister und riss die Augen auf. 'Ich kann ja nichts erblicken!' Aber das sagte er nicht.

Die beiden Betrüger baten ihn näher zu treten und fragten, ob es nicht ein hübsches Muster und schöne Farben seien. Dann zeigten sie auf den leeren Stuhl, und der arme, alte Minister fuhr fort, die Augen aufzureißen, aber er konnte nichts sehen, denn es war nichts da. 'Herr Gott', dachte er, sollte ich dumm sein? Das habe ich nie geglaubt, und das darf kein Mensch wissen! Sollte ich nicht zu meinem Amte taugen? Nein, es geht nicht an, dass ich erzähle, ich könne das Zeug nicht sehen!'
"Nun, Sie sagen nichts dazu?" fragte der einer von den Webern.
"Oh, es ist niedlich, ganz allerliebst!" antwortete der alte Minister und sah durch seine Brille. "Dieses Muster und diese Farben! - Ja, ich werde dem Kaiser sagen, dass es mir sehr gefällt!"
"Nun, das freut uns!" sagten beide Weber, und darauf benannten sie die Farben mit Namen und erklärten das seltsame Muster. Der alte Minister merkte gut auf, damit er dasselbe sagen könne, wenn er zum Kaiser zurückkomme, und das tat er auch.
Nun verlangten die Betrüger mehr Geld, mehr Seide und mehr Gold zum Weben. Sie steckten alles in ihre eigenen Taschen, auf den Webstuhl kam kein Faden, aber sie fuhren fort, wie bisher an den leeren Stühlen zu arbeiten.

Der Kaiser sandte bald wieder einen anderen tüchtigen Staatsmann hin, um zu sehen, wie es mit dem Weben stehe und ob das Zeug bald fertig sei; es ging ihm aber gerade wie dem ersten, er guckte und guckte; weil aber außer dem Webstuhl nichts da war, so konnte er nichts sehen.
"Ist das nicht ein ganz besonders prächtiges und hübsches Stück Zeug?" fragten die beiden Betrüger und zeigten und erklärten das prächtige Muster, das gar nicht da war.
'Dumm bin ich nicht', dachte der Mann; es ist also mein gutes Amt, zu dem ich nicht tauge! Das wäre seltsam genug, aber das muss man sich nicht anmerken lassen!' Daher lobte er das Zeug, das er nicht sah, und versicherte ihnen seine Freude über die schönen Farben und das herrliche Muster. "Ja, es ist ganz allerliebst!" sagte er zum Kaiser.

Alle Menschen in der Stadt sprachen von dem prächtigen Zeuge. Nun wollte der Kaiser es selbst sehen, während es noch auf dem Webstuhl sei. Mit einer ganzen Schar auserwählter Männer, unter denen auch die beiden ehrlichen Staatsmänner waren, die schon früher da gewesen, ging er zu den beiden listigen Betrügern hin, die nun aus allen Kräften webten, aber ohne Faser oder Faden.
"Ja, ist das nicht prächtig?" sagten die beiden ehrlichen Staatsmänner. "Wollen Eure Majestät sehen, welches Muster, welche Farben?" und dann zeigten sie auf den leeren Webstuhl, denn sie glaubten, dass die andern das Zeug wohl sehen könnten.

Arbeitsblatt 6-1

'Was!' dachte der Kaiser; ich sehe gar nichts! Das ist ja erschrecklich! Bin ich dumm? Tauge ich nicht dazu, Kaiser zu sein? Das wäre das Schrecklichste, was mir begegnen könnte.' "Oh, es ist sehr hübsch", sagte er; "es hat meinen allerhöchsten Beifall!" und er nickte zufrieden und betrachtete den leeren Webstuhl; er wollte nicht sagen, dass er nichts sehen könne. Das ganze Gefolge, was er mit sich hatte, sah und sah, aber es bekam nicht mehr heraus als alle die andern, aber sie sagten gleich wie der Kaiser: "Oh, das ist hübsch!' und sie rieten ihm, diese neuen prächtigen Kleider das erste Mal bei dem großen Feste, das bevorstand, zu tragen.
"Es ist herrlich, niedlich, ausgezeichnet!" ging es von Mund zu Mund, und man schien allerseits innig erfreut darüber. Der Kaiser verlieh jedem der Betrüger ein Ritterkreuz, um es in das Knopfloch zu hängen, und den Titel Hofweber.
Die ganze Nacht vor dem Morgen, an dem das Fest stattfinden sollte, waren die Betrüger auf und hatten sechzehn Lichte angezündet, damit man sie auch recht gut bei ihrer Arbeit beobachten konnte. Die Leute konnten sehen, dass sie stark beschäftigt waren, des Kaisers neue Kleider fertigzumachen. Sie taten, als ob sie das Zeug aus dem Webstuhl nähmen, sie schnitten in die Luft mit großen Scheren, sie nähten mit Nähnadeln ohne Faden und sagten zuletzt: "Sieh, nun sind die Kleider fertig!"

Der Kaiser mit seinen vornehmsten Beamten kam selbst, und beide Betrüger hoben den einen Arm in die Höhe, gerade, als ob sie etwas hielten, und sagten: "Seht, hier sind die Beinkleider, hier ist das Kleid, hier ist der Mantel!" und so weiter. "Es ist so leicht wie Spinnwebe; man sollte glauben, man habe nichts auf dem Körper, aber das ist gerade die Schönheit dabei!"
"Ja!" sagten alle Beamten, aber sie konnten nichts sehen, denn es war nichts da.
"Belieben Eure Kaiserliche Majestät Ihre Kleider abzulegen", sagten die Betrüger, "so wollen wir Ihnen die neuen hier vor dem großen Spiegel anziehen!" Der Kaiser legte seine Kleider ab, und die Betrüger stellten sich, als ob sie ihm ein jedes Stück der neuen Kleider anzogen, die fertig genäht sein sollten, und der Kaiser wendete und drehte sich vor dem Spiegel.
"Ei, wie gut sie kleiden, wie herrlich sie sitzen!" sagten alle. "Welches Muster, welche Farben! Das ist ein kostbarer Anzug!" -
"Draußen stehen sie mit dem Thronhimmel, der über Eurer Majestät getragen werden soll!" meldete der Oberzeremonienmeister.
"Seht, ich bin ja fertig!" sagte der Kaiser. "Sitzt es nicht gut?" und dann wendete er sich nochmals zu dem Spiegel; denn es sollte scheinen, als ob er seine Kleider recht betrachte.

Die Kammerherren, die das Recht hatten, die Schleppe zu tragen, griffen mit den Händen gegen den Fußboden, als ob sie die Schleppe aufhöben, sie gingen und taten, als hielten sie etwas in der Luft; sie wagten es nicht, es sich merken zu lassen, dass sie nichts sehen konnten.

Illustrator: http://www.gutenberg.org/etext/17860
Stories from Hans Andersen; Illustrator: Edmund Dulac

So ging der Kaiser unter dem prächtigen Thronhimmel, und alle Menschen auf der Straße und in den Fenstern sprachen: "Wie sind des Kaisers neue Kleider unvergleichlich! Welche Schleppe er am Kleide hat! Wie schön sie sitzt!" Keiner wollte es sich merken lassen, dass er nichts sah; denn dann hätte er ja nicht zu seinem Amte getaugt oder wäre sehr dumm gewesen. Keine Kleider des Kaisers hatten solches Glück gemacht wie diese.

"Aber er hat ja gar nichts an!" sagte endlich ein kleines Kind. "Hört die Stimme der Unschuld!" sagte der Vater; und der eine zischelte dem andern zu, was das Kind gesagt hatte.
"Aber er hat ja wirklich nichts an!" rief zuletzt das ganze Volk. Der Kaiser, der in seiner Nacktheit schon erbärmlich fror, hörte den Ruf, und es schien ihm nun selbst, als hätte er nichts an. ‚Nun muss ich aushalten', dachte er, „die ganze Prozession hindurch!" Und dann hielt er sich noch stolzer, und die Kammerherren gingen und trugen die Schleppe, die gar nicht da war. Die beiden Betrüger aber waren längst über alle Berge.

Arbeitsblatt 6-2

Modetest

Wähle a, b oder c

1. Wie lange trägst Du ein Kleidungsstück im Durchschnitt bis Du es wegwirfst oder weggibst?

a ein paar Monate ☐
b ein bis zwei Jahre ☐
c länger als zwei Jahre ☐

2. Wie ziehst Du dich an, wenn Du mit FreundInnen ins Kino oder in die Disco willst?

a Ich style mich komplett ☐
b Ich achte zwar auf meine Kleidung, betreibe aber keinen besonderen Aufwand ☐
c Ich mache mich gar nicht speziell zurecht. ☐

3. Ein Mensch, den du total gut leiden kannst, ist hoffnungslos unmodisch. Wie reagierst Du?

a Ich sage ihm/ihr, dass mich das stört. ☐
b Ich versuche, darüber hinwegzusehen. ☐
c Es gefällt mir, wenn jemand von Modetrends unabhängig ist. ☐

4. Wo würdest du, wenn Du finanziell knapp dran bist, am ehesten sparen?

a am Essen ☐
b beim Ausgehen ☐
c an den Kleidern ☐

5. Was hältst du von Leuten, die immer die neuesten Markenklamotten tragen?

a Ich bewundere sie. ☐
b Ich finde es in Ordnung, aber ich kann da nicht mithalten. ☐
c Mir sind solche Leute egal. ☐

6. Du hast rund 25 Euro zur Verfügung und brauchst ein neues T-Shirt. Was machst Du?

a Ich kaufe ein Marken-T-Shirt. ☐
b Ich kaufe 2 bis 3 preiswertere T-Shirts. ☐
c Ich kaufe ein billiges T-Shirt und gebe den Rest für einen anderen Zweck aus. ☐

7. Wenn jemand Dir sagt, die Farbe Deines Pullovers sei out, was machst Du?

a Ich ziehe den Pullover nicht mehr an. ☐
b Ich werde verlegen und suche nach einer Ausrede. ☐
c Es ist mir egal. ☐

8. Wieviel von Deinem Geld, das Du zur Verfügung hast, gibst Du für Klamotten aus?

a Mehr als die Hälfte ☐
b Bis zu einem Viertel ☐
c Weniger als ein Viertel ☐

Wie findest Du die folgenden Aussagen?

9. Bei Kleiderkäufen sollte man erstens auf Design und Schnitt und zweitens auf die Qualität achten.

richtig ☐ na ja … ☐ falsch ☐

10. Wenn Eltern ihren Kindern alle Modewünsche erfüllen, dann ist das

richtig ☐ na ja … ☐ falsch ☐

11. In der Bundesrepublik geben Frauen im Schnitt ca. 750 Euro jährlich für Oberbekleidung aus (ohne Schuhe). **Für Dich ist dieser Betrag eher zu niedrig.**

richtig ☐ na ja … ☐ falsch ☐

12. In einigen Discos haben Jugendliche nur Zutritt, wenn sie modisch gekleidet sind und einen lockeren Eindruck machen. Wie findest Du das?

richtig ☐ na ja … ☐ falsch ☐

13. Ich werde besser akzeptiert, wenn ich modisch gekleidet bin.

richtig ☐ na ja … ☐ falsch ☐

Arbeitsblatt 8

Entdeckungsreise durch deinen Kleiderschrank

1. Wie viele T-Shirts hast du, grob geschätzt?

- Und wie viele Hosen?

- Und Röcke, Hemden, Blusen?

- Und Unterwäsche, Socken?

- Und Sportbekleidung?

- Und Jacken / Mäntel?

- Und Schuhe, Stiefel, Sandalen, Sportschuhe?

2. Schätze, wie hoch ungefähr der Wert der in deinem Kleiderschrank verstauten Kleidung ist.

3. Ziehst du alle Sachen an?

- Wie viele Sachen trägst du nie oder ganz selten?

- Trägst du deine Sachen auf?

- Ab wann ist ein Kleidungsstück nicht mehr neu für dich?

- Was machst du mit Sachen, die du nicht mehr anziehen möchtest?

4. Gibt es für dich ein Lieblingskleidungsstück, das du niemals weggeben würdest?

Welche Geschichte hat es?

5. Was sagst du zum Kleiderverbrauch in verschiedenen Ländern: Deutschland: über 20 kg, Indien 2 kg, Kamerun 0,5 kg (jährlich)?

Quelle: Kampagne für Saubere Kleidung (1997): Jugend, Kleidung, Mode – Vom Baumwollfeld zur Altkleiderkiste, 17.

Hintergrund Informationen

Baumwolle – vom Samen bis zum Stoff

Baumwolle gehört zu den ältesten uns bekannten Kulturpflanzen.
Indische Baumwolle, die schon um 1500-1400 v. Chr. in Sanskrit-Schriften erwähnt wird, gelang über Handelsstraßen und durch Kriegszüge schon sehr früh in den Mittelmeerraum. Hier zählte sie bei Griechen und Römern zu begehrten Luxusartikeln. Die vermutlich schon seit 3.000 Jahren v. Chr. in Mittel- und Südamerika angebaute Baumwolle hingegen hatte demgegenüber keine große Bedeutung.

Seit dem 13. Jahrhundert wird Rohbaumwolle im Mittelmeerraum auch verarbeitet, nach Süddeutschland aber gelang sie erst im 14. Jahrhundert. Hier wurde sie zusammen mit Leinen verarbeitet.

Saatgut-Herstellung

Baumwollsaatgut wird zum größten Teil in Indien gezüchtet, wobei es sich überwiegend um hybrides Saatgut handelt. Dieses entsteht aus der Kreuzung zweier reinrassiger, aber verschiedener Baumwollpflanzen. Das Ergebnis dieser Kreuzung sind „Pflanzen-Mischlinge", die sich durch größere Leistungsfähigkeit gegenüber den natürlichen Baumwollpflanzen auszeichnen, sie haben beispielsweise mehr Baumwollfasern. Da diese Mischlinge selbst nicht fruchtbar sind, müssen jedes Jahr neue Pflanzen gekreuzt werden.

Das Kreuzen der Pflanzen ist eine komplizierte und stupide Tätigkeit, die sehr viel Zeit in Anspruch nimmt: 90% des gesamten Arbeitsaufwandes der Saatgutherstellung entsteht hierbei.

In den 90er Jahren stiegen große Agrokonzerne in das Geschäft ein. Gegenwärtig wird der indische Markt für hybride Baumwoll-Saaten von sechs multinationalen Unternehmen dominiert: Unilever, Bayer, Monsanto, Syngenta, Advanta und Emergent Genetics. Der sehr arbeitsintensive Anbau des Hybrid-Saatguts erfolgt in Tausenden lokalen Baumwoll-Farmen, die zwar nominell unabhängig sind, jedoch durch Qualitäts- und Preisvorgaben sowie langfristige Lieferverträge an die Firmen gebunden sind.

Die hauptsächlich in Süd-Indien gelegenen Zulieferbetriebe beschäftigen in großer Zahl Kinder, überwiegend Mädchen zwischen 6 und 14 Jahren. Viele Kinder befinden sich in Schuldknechtschaft und sind über Jahre hinweg auf denselben Farmen tätig, um die Vorschüsse abzuarbeiten. Eine Studie aus dem Jahr 2003 („Kinderarbeit im indischen Baumwoll-Anbau und die Rolle multinationaler Saatgut-Produzenten") kommt zu dem Ergebnis, dass in Indien insgesamt rund 450.000 Kinder in der Baumwollsaat-Herstellung beschäftigt sind – allein im Bundesstaat Andhra Pradesh rund 250.000. Diese Zahlen übertreffen alle anderen Bereiche, in denen Kinderarbeit vorkommt, bei weitem.

Die Kinder sind auf den Feldern die meiste Zeit damit beschäftigt, das Deck- und Blumenblatt und den Staubbeutel der Baumwollpflanzen zu entfernen, um dann den jeweils eigenen Samen der Pflanzen durch den fremden Samen zu ersetzen. Sie arbeiten in den Baumwollfarmen täglich zwischen 9 und 13 Stunden. Ihr Verdienst liegt bei 18 Rupien pro Tag, was 0,42 Euro entspricht. Neben der Kreuzung der Pflanzen besteht ihre Arbeit darin, das Saatgut auszusäen und zu ernten. Da sie zwischen 7 und 8 Monate im Jahr arbeiten müssen, haben sie keine Möglichkeit, eine Schule zu besuchen. So haben 60 Prozent von ihnen nur wenige Jahre eine Schule besucht, 30 Prozent waren sogar nie in schulischer Ausbildung.

Daneben hat die Arbeit drastische gesundheitsschädigende Auswirkungen: In den Baumwollbetrieben werden ca. 55 Prozent aller in Indien eingesetzten Pestizide verwendet. Diese hochgefährlichen Stoffe nehmen die Kinder vor allem bei der Kreuzung der Blüten auf, da sie dabei sehr nah an den Pflanzen sein müssen. Die Gifte schädigen das Nervensystem der Kinder, was zu Symptomen wie beispielsweise Kopfschmerzen, Orientierungslosigkeit oder Schwächeanfällen führt.

Die Saatgut-Multis nehmen auf den Farmen mehrmals pro Jahr Kontrollen vor und sind daher mit den Produktionsbedingungen und dem massenhaften Einsatz von Kindern vertraut, ohne dass sie in den letzten Jahren viel für eine Änderung dieser Situation getan haben.

Baumwolle und Gentechnik

Eine weitere wichtige Thematik der Saatgutherstellung ist die zunehmende Verwendung gentechnisch veränderter Baumwollpflanzen. Gentechnisch veränderte Baumwolle ist gegenwärtig auf mehr als der Hälfte aller weltweiten Baumwoll-Flächen im Anbau.

Besonders häufig wird das so genannte „Roundup-Ready"-Saatgut von Monsanto eingesetzt. Dieses enthält ein patentiertes Gen, das die Toleranz gegen ein Herbizid, das Pflanzen normalerweise komplett abtötet, bewirkt. Angeblich soll sich durch das neue Gen die Anwendung von Herbiziden insgesamt vermindern lassen. Doch das Gegenteil ist der Fall - die Verträglichkeit der gentechnisch veränderten Baumwolle gegenüber dem Totalherbizid erfordert seinen verstärkten Einsatz. So nahm der Umsatz von Glyphosat kräftig zu. Dieses wird unter dem Namen ‚Roundup' zusammen mit dem „Roundup-Ready"-Saatgut im Paket vertrieben – ein gutes Geschäft für Monsanto!

Daneben werden insbesondere solche Veränderungen vorgenommen, die der Schädlingsabwehr dienen sollen: So hat Monsanto Baumwollpflanzen ein artfremdes Gen des Bodenbakteriums Bacillus thuringiensis (Bt) eingebaut, das bewirkt, dass die Baumwollpflanze ein Gift zur Abwehr von Schädlingen produziert. Allerdings ist dieses neue Gift nur gegen eher harmlose Schadinsekten wirksam - und gegen verschiedene Nützlinge.

Verschiedene Untersuchungen zeigen, dass die gentechnisch veränderte Baumwolle zu drastischen Ertragsausfällen in den USA, aber auch in Indien und China geführt hat. Monsanto zahlte hohe Entschädigungen, damit nicht publik wurde, dass Bt-Baumwolle plötzlich ihre Kapseln abwarf oder sich besonders anfällig gegenüber Pilzkrankheiten zeigte.

Die langfristigen Auswirkungen des Einsatzes gentechnisch veränderter Pflanzen sind noch nicht absehbar. Zu befürchten sind aber vor allem die Auswirkungen auf Nutzinsekten und andere pflanzen- oder insektenfressende Tiere sowie die Einkreuzung von solchen „Zusätzen" wie dem Bt-Gift-Gen in die natürliche Vegetation.

Pflanze

Die Baumwollpflanze (Gossypium) ist eine meist strauchartige Malvenart, wozu z.B. auch die in Europa verbreitete Stockrose und der Hibiskus gehören. Sie benötigt ein warmes Klima. Die Zeitspanne von der Aussaat bis zur Reife beträgt zwischen 175 und 225 Tagen.

Je nach Art, Klima und Kulturmethode erreicht die Baumwolle eine Höhe von 25 cm bis über 2 m. Sie wird vor allem als strauchhohe, einjährige Pflanze gezogen. Nur in wenigen Gebieten (Peru und Nord-Brasilien) zieht man Baumwolle noch an mehrjährigen Sträuchern. Solche Pflanzen können bis zu 15 Jahre alt werden.

Aus den weißen, gelblich oder auch rosafarbenen Blüten entwickelt sich als Frucht eine walnussgroße Kapsel, in der sich auf fünf bis sechs Samenkörnern die feinen Samenhaare befinden. Eine Baumwollkapsel enthält rund 30 Samen, an jedem Samen sitzen 2000 – 7000 Samenhaare, die Baumwolle.

Diese Baumwollhaare sind während des Wachstums pralle, mit Zellflüssigkeit gefüllte dünnhäutige Faserröhrchen. Beim Eintreten der Reife öffnen sich die Fruchtkapseln und die Fasern treten als Büschel hervor. Dabei trocknet der stärkehaltige Wachstumssaft in der Faser und verwandelt sich in Zellulose. Die Seitenwände fallen ein und bilden korkenzieherartige Windungen.

Da die Fasern in den Samenkapseln der Baumwollsträucher wachsen, müsste die Baumwollpflanze eigentlich Strauchwolle heißen. Die etwa fünf Zentimeter langen, feinen Fasern sollen, ähnlich wie beim Löwenzahn, den Samen mit dem Wind forttragen. Bevor dies geschieht, werden sie jedoch gepflückt.

Anbau

Die Baumwollpflanze gedeiht in einer breiten Zone rings um die Erde, dem so genannten Baumwollanbaugürtel. In Nordamerika erstreckt er sich bis zum 37. Breitengrad, in China und Japan bis zum 40., in Mittelasien (Usbekistan, Tadschikistan, Turkmenistan) sogar bis zum 47. Breitengrad. Auf der südlichen Hemisphäre reichen die Anbaugebiete bis zum 23. Breitengrad (Argentinien, Simbabwe).

Im Baumwoll-Gürtel herrscht tropisches bis subtropisches Klima: Es ist feucht und warm bei 18 bis 28°C und zumeist sonnig. Besonders vorteilhaft ist ein lockerer, wasserhaltiger Boden. Niederschläge zwischen 800 und 1.100 mm jährlich sind optimal, wobei die Verteilung der Niederschläge wichtig ist: Zu Beginn braucht die Pflanze viel Wasser, zum Abreifen aber trockenes Klima.

Die weltweit bedeutendsten Baumwollproduzenten sind China, USA, Indien und Pakistan. In Europa ist Griechenland das einzige Land mit einer nennenswerten Produktion (Platz 8 der Weltrangliste). - Die Türkei wird hier zu den asiatischen Nationen gezählt, da die Hauptanbauflächen in Asien liegen. Der größte Exporteur sind die Vereinigten Staaten, die pro Jahr 10,5 Millionen Ballen (zu je rund 225 kg) ausführen.

Die Baumwollproduktion hat sich in den letzten 30 Jahren verdoppelt. Baumwolle wird meist auf riesigen Feldern angebaut. Dabei lag die Anbaufläche weltweit ziemlich konstant bei etwa 33 Mio. Hektar, was ungefähr der Fläche Deutschlands entspricht. Stark gestiegen sind jedoch die Erträge: in den letzten 20 Jahren von durchschnittlich 442 kg/ha auf 624 kg/ha.

Baumwolle ist eine sehr anspruchsvolle Pflanze, die hohe Anforderungen an klimatische Bedingungen, Bodenqualität und Wasserverfügbarkeit stellt.

Die Pflanzen benötigen in den ersten Monaten, während des Wachstums, sehr viel Wasser. Während der Reife sind Niederschläge jedoch unerwünscht, da die Faserqualität durch Pilzsporen mit Stockfleckenbildung u.ä. leidet. Dies hat dazu geführt, dass der Bewässerungsanbau mit regulierbaren Wassergaben weltweit zugenommen hat. Damit einher geht ein hoher Wasserverbrauch, der in den meist steppenartigen Anbaugebieten zu einem kritischen Faktor geworden ist. Zudem ist die Gefahr der Versalzung der Böden groß.

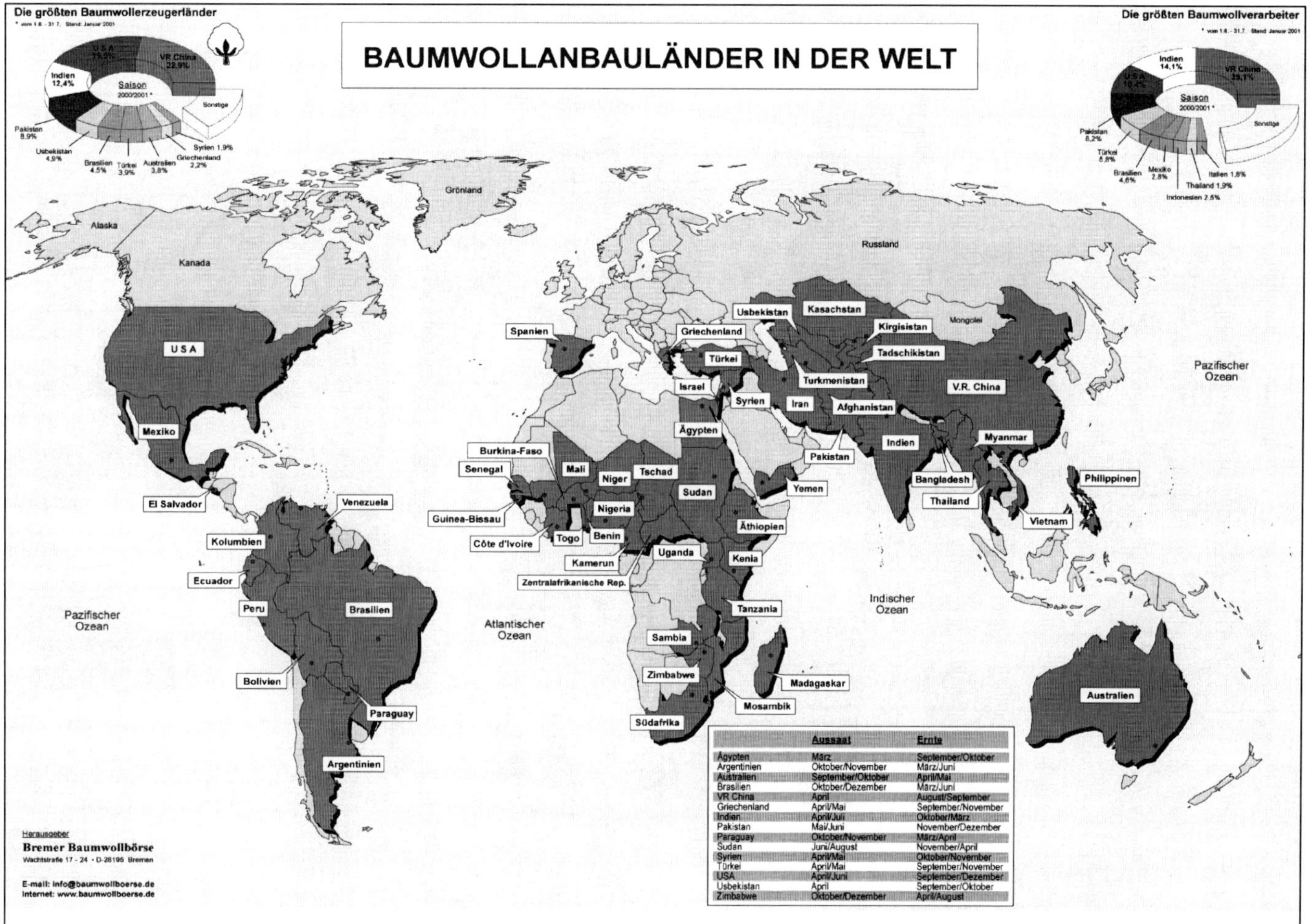

	Aussaat	Ernte
Ägypten	März	September/Oktober
Argentinien	Oktober/November	März/Juni
Australien	September/Oktober	April/Mai
Brasilien	Oktober/Dezember	März/Juni
VR China	April	August/September
Griechenland	April/Mai	September/November
Indien	April/Juli	Oktober/März
Pakistan	Mai/Juni	November/Dezember
Paraguay	Oktober/November	März/April
Sudan	Juni/August	November/April
Syrien	April/Mai	Oktober/November
Türkei	April/Mai	September/November
USA	April/Juni	September/Dezember
Usbekistan	April	September/Oktober
Zimbabwe	Oktober/Dezember	April/August

■ Quelle: Bremer Baumwollbörse (www.baumwollboerse.de)

Quelle: Bremer Baumwollbörse (www.baumwollboerse.de)

Die für eine Jeans notwendige Baumwolle benötigt ungefähr 8.000 l Wasser! Im Sudan beispielsweise werden für 1 kg Rohbaumwolle durchschnittlich 29 m^3 Nilwasser verbraucht. Intensiver Baumwollanbau und damit einhergehender Wasserverbrauch haben in den Steppen am Aralsee zu einer der gravierendsten ökologischen Katastrophen der Welt geführt.

In anderen Ländern, zum Beispiel in Israel, wird deutlich weniger Wasser verbraucht (rund 7 m^3), doch auch hier führt der Baumwollanbau aufgrund von Brauchwasserverknappung und drohender Versteppung nicht nur zu gravierenden ökologischen, sondern auch zu politischen Problemen. Die Befürchtung, dass in Zukunft Kriege um Trinkwasser zunehmen werden, ist gerade im Baumwollgürtel nicht von der Hand zu weisen.

Die qualitativ hochwertige und deshalb häufig verwendete Gossypium babadense ist zudem besonders empfindlich gegenüber Schädlingen und klimatischen Abweichungen. Da hohe Erträge bei den zumeist in Monokulturen ohne Fruchtwechsel angebauten Pflanzen nur mit intensiven Düngergaben zu erreichen sind und eine einseitige Bewirtschaftung von vielerlei Schädlingen bedroht ist, ist der Einsatz von so genannten „Hilfs- und Betriebsmitteln“, d.h. von Dünge-, Pflanzenschutz- und Welkemitteln extrem hoch. Es wird davon ausgegangen, dass rund 10 % der weltweit verbrauchten Düngemittel und Pestizide auf Baumwollfeldern landen.

Mehr als zwanzigmal werden bis zur Reife der Baumwolle Pflanzenschutz- und Insektenvertilgungsmittel gespritzt. Vor der Ernte werden zusätzlich Entlaubungsmittel eingesetzt, damit die Blätter nicht stören und die Samenfäden mit großen Maschinen geerntet werden können. Von „Natürlichkeit“ kann man deshalb in Bezug auf Baumwolle schon kaum mehr sprechen.

Besonders dramatisch aber sind die Auswirkungen der oft hochgradig giftigen Spritzmittel auf die Arbeiter/innen, auf den Boden und damit auch auf das Grundwasser. Die Belastung der Arbeitenden ist hierbei sowohl in den bäuerlichen Anbaugebieten Afrikas, wo häufig noch mit der Rückenspritze gearbeitet wird, als auch in Regionen, wo mittels Flugzeugen breitflächig versprüht wird (z.B. Pakistan und die GUS-Staaten), gleichermaßen hoch. Die Weltgesundheitsorganisation (WHO) schätzt, dass jährlich 1,5 Millionen Menschen gesundheitliche Schädigungen infolge des Pestizideinsatzes bei Baumwolle davontragen, 28.000 davon mit tödlichen Folgen.

Es ist längst ein giftiger Kreislauf entstanden: Schädlinge werden mit der Zeit gegen bestimmte Chemikalien resistent, weil sie diese ständig aufnehmen und sich daran gewöhnen. In der Folge müssen immer neue Mittel gefunden werden, mit denen Insekten und Unkraut bekämpft werden können. Die Böden und das Grundwasser werden immer weiter zerstört, Mensch und Natur vergiftet.

So dringen beispielsweise aus Kasachstan und Usbekistan Meldungen an die Öffentlichkeit, dass ehemalige Baumwollanbaugebiete nahezu unbewohnbar geworden sind. Die intensive Bewässerung der Felder hat zur Versalzung der Böden und zur Versteppung großer Gebiete geführt. Die verbliebene Bevölkerung leidet in hohem Maße an Krankheiten, die durch aufgewirbelte Insektizide und Dünge- und Welkemittel verursacht sind. Die Lebenserwartung ist drastisch gesunken, die Säuglings- und Kindersterblichkeit ist sehr hoch.

Doch es geht auch anders: Die schädlichen Raupen können sanft mit Lockstoffen bekämpft werden. Vögel, für die Nistplätze geschaffen werden, halten Schädlinge in Grenzen. Wird Monokultur durch eine abwechslungsreiche Fruchtfolge ersetzt, ist dies gut für die Böden und den Wasserhaushalt. Zudem dient ein solcher Anbau gleichzeitig der Ernährungssicherung der einheimischen Bevölkerung. Wird die Baumwolle mit der Hand gepflückt, sind auch keine Entlaubungsmittel nötig.

Ernte und Verarbeitung

Sind die Baumwollkapseln reif, d.h. aufgesprungen, werden sie entweder von Hand oder maschinell geerntet. Das Ernteverfahren hat hierbei Einfluss auf Qualität und Faserausbeute. In allen Ländern mit Plantagenanbau wird Baumwolle üblicherweise maschinell geerntet. Pflückmaschinen beeinträchtigen aber die Qualität der Wolle, da alle Kapseln – unabhängig vom Reifegrad – auf einmal geerntet werden und Blätter sowie andere Pflanzenteile von der Maschine erfasst werden.

Etwa 14 Tage vor dem Termin zu dem voraussichtlich etwa 70 % der Kapseln reif sind, werden mit Flugzeugen großflächig Welke- bzw. Entlaubungsmittel versprüht, die wegen ihrer hohen Giftigkeit eine sehr große Gesundheits- und Umweltbelastung mit sich bringen. In den Gebieten, wo Baumwolle mit der Hand gepflückt wird, entfällt zwar das Ausbringen von Welkemitteln, über den Einsatz von Düngemitteln und Pestizideinsatz sagt dies jedoch nichts aus.

Die geerntete Baumwolle wird zum Nachreifen und Trocknen ca. 30 Tage gelagert. Anschließend erfolgt das Entkörnen, die Samenhaare (Fasern) werden von Samenkörner und Verunreinigungen getrennt.

Die Menge des entstehenden Abfalls ist vom Ernteverfahren abhängig. Beim Handpflücken sind es weniger als zwei Prozent, bei einem Spindelpflücker, wie er z.B. im industriellen Großflächenanbau der USA eingesetzt wird, entsteht teilweise über 30 % Abfall.

Für den Verkauf wird die Baumwolle nach bestimmten Standards klassifiziert. Dabei werden neben der Faserlänge (Stapellänge) Feinheit, Farbe, Festigkeit und Reinheit beurteilt. Von den mehr als 300 Baumwollarten werden wirtschaftlich nur vier Sorten genutzt: in Europa vor allem Gossypium herbaceum und Gossypium babadense. Letztere liefert die beste Qualität mit einer Faserlänge von mehr als 30 mm. Sie wird hauptsächlich in Ägypten und in den USA angebaut. Diese Sorten sind aber zugleich besonders empfindlich gegenüber Schädlingen und klimatischen Abweichungen, was einen besonders hohen Einsatz von Pestiziden erfordert (s.o.).

Von der gewonnenen Rohbaumwolle können nur die Langfasern zu Garn verarbeitet werden. Der Anteil der Langfasern liegt zwischen 15 % (Baumwolle aus den Ländern der ehemaligen Sowjetunion) und 55% (Baumwolle aus Ägypten).

Die Fasern werden für den Weitertransport in Ballen gepresst und mit Jute und Stahlbändern verpackt. In dieser Form wird die Baumwolle verschifft und gelangt dann beispielsweise über die Umschlagplätze Bremen, Venedig / Triest, Rotterdam / Antwerpen per Schleppkahn und Eisenbahn zu den Lagerhäusern der Spinnereien.

■ Baumwollballen Quelle: Bremer Baumwollbörse

Vor dem Verspinnen werden die Baumwollballen in so genannten Baumwollbrechern geöffnet und zu kleinen Wattebäuschen zerpflückt. In einer Putzerei-Anlage werden die Baumwollbäuschchen von Samenhülsen, Blattresten und anderen Verschmutzungen gereinigt. Nun müssen die Baumwollfasern kadiert werden, d.h. sie werden geordnet und parallel ausgerichtet.

Erst dann werden die Fasern in einer Spinnerei zu Garn versponnen. Das Verspinnen erfolgt weitgehend automatisiert, d.h. an vollautomatischen Spinnmaschinen. Einfach beschrieben

werden beim Spinnen aus den Baumwollflöckchen einzelne Fasern herausgezupft und unter ständigem Drehen der Spindel zu einem Faden gesponnen.
Die typische Verarbeitungsfolge in einer Spinnerei sieht folgendermaßen aus:

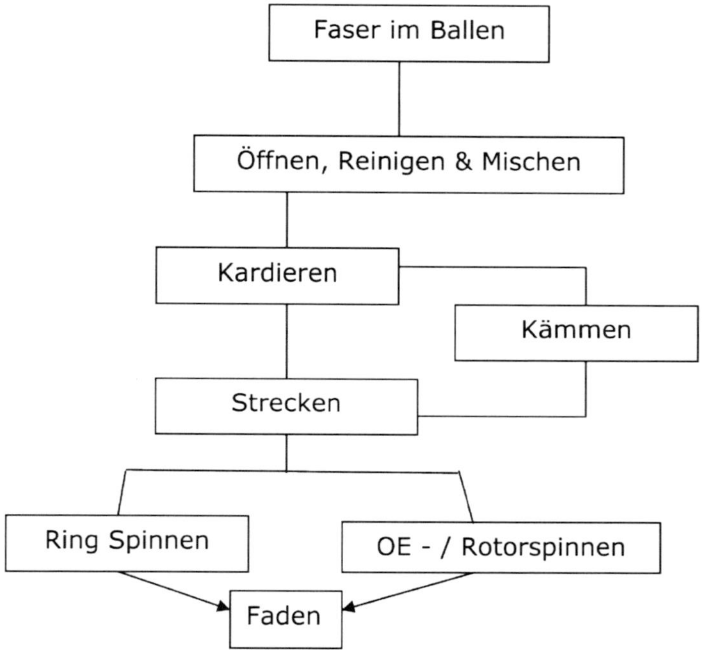

■ Schaubild: Von der Faser zum Faden

Das Kardieren (auch kardätschen, krempeln oder kämmen) dient im Prozess des Spinnens zur ersten Ausrichtung der losen Textilfasern zu einem Flor oder Vlies. Das Kardenband wird anschließend zusammen mit weiteren Kardenbändern verstreckt, um Ungleichmäßigkeiten der einzelnen Kardenbänder auszugleichen. Anschließend kann das verstreckte Band über mehrere Schritte zu einem Garn gesponnen werden.

Hierbei ist das Ringspinnen am weitesten verbreitet. Ein kleiner Metallring (Läufer) rotiert in einer Ringspinnmaschine auf einer kreisförmigen Bahn, dem Ring, um eine Spindel, erteilt dem Faden die Drehung und wickelt das Garn auf eine Hülse, den Kops, auf. Im Anschluss an das Ringspinnen werden mehrere kleine Kopse auf eine größere Spule (Kreuzspule) umgespult.

Das Rotorspinnen (auch: OE-Rotor-Spinnen, engl. Open End) ist etwas seltener anzutreffen, dafür vom Prinzip her einfacher. Es eignet sich für etwas gröbere Garne.

Aus den textilen Fäden werden anschließend in Webereien Flächengewebe bzw. in Strickereien Strickgewebe hergestellt. Diese Erzeugung der Baumwollstoffe erfolgt entweder an Handwebstühlen oder auch an vollautomatischen Webstühlen, indem die Baumwollfäden nach einem bestimmten Strickmuster miteinander verwoben werden.

Veredelung

Kleider bedecken fast 90 % des Körpers und berühren ständig unser empfindlichstes Sinnesorgan, die Haut. Wenn die Haut zu jucken anfängt und sich Pusteln oder sogar Ausschlag bilden, kann das mit der Kleidung zu tun haben.

Von der Aussaat bis zur Ernte ist die Baumwolle reichlich Pestiziden und anderen Chemikalien ausgesetzt. Aber auch nach der Ernte, dem Trocknen, Entkörnen und Pressen durchläuft sie noch viele chemische Stationen. Unzufriedenheit mit den ursprünglichen Fasereigenschaften und der Drang, sie zu verbessern, hat die Menschen zu allen Zeiten und in allen Kulturen Veredelungsverfahren erfinden lassen. Die am frühesten angewandten Verfahren waren Bleichen, Färben, Bedrucken oder Bemalen aus überwiegend ästhetischen Gründen und um als Statussymbol auf einen höheren sozialen Rang hinzuweisen. So war es zu Zeiten Karl des Großen (um 800 n. Chr.) dem einfachen Volk nur gestattet, naturbelassene Textilien zu tragen. Die so genannte Textilveredelung beinhaltet heute viele unterschiedliche Aspekte, die in unterschiedlichem Maße mit dem Einsatz von Chemikalien verbunden sind:

Das Entschlichten gibt einen synthetischen Schutzfilm gegen Belastungen des Webens. Dieser Schutzfilm wird anschließend mit Lösungsmitteln wieder ausgewaschen.

Beim Bleichen mit Chlorverbindungen – für eine gleichmäßige Färbung – fallen als Nebenprodukte Dioxine an.

Das Färben mit Azo- und Benzidinfarbstoffen gilt als krebsgefährdend, ist aber billig und wird deshalb in Billiglohnländern noch praktiziert. Als Farbfixierer kommen allergieauslösende Nitro- oder Nitroseverbindungen und optische Aufheller für leuchtende Farben auf den Stoff. Schwarze und dunkelblaue Stoffe enthalten besonders viel Farbstoff.

Durch die Hochveredelung – die Ausrüstung der Gewebe mit Kunstharzen – wird aus der Naturfaser quasi eine Kunstfaser: Einlaufschutz (Sanforisieren) und Knitterschutz durch Formaldehydharze erhöhen die elektrostatische Aufladbarkeit und reduzieren die Saugfähigkeit des Gewebes. Für leichteres Auswaschen kommt eine easy-wash-Ausrüstung auf den Stoff und für mehr Glanz und Reißfestigkeit wird mit Natronlauge mercerisiert. Die Verhärtung des Stoffes durch die Hochveredelung wird mit Weichmachern wieder reduziert. Noch mehr Chemie verleihen den Stoffen dann Imprägnierungen oder den jeweils angesagt Knautsch- oder Bleach-Look. Hinzu kommen teilweise weitere „Extras", z.B. eine „hygienische" oder „flammhemmende" Ausrüstung.

Diese Arbeiten werden oft in den Ländern des Südens ausgeführt, da hier die Lohnkosten geringer sind und Umweltauflagen häufig kaum eine Rolle spielen. Auch wenn die meisten der sehr giftigen und für Menschen schädlichen Chemikalien bei uns verboten sind, werden sie oftmals in den Produktionsländern unserer Kleidung verwendet.

Dort kümmern sich die (oft ausländischen, also auch amerikanischen oder deutschen) Textilhersteller kaum um Verbote und Umweltschutz. Wenn auf dem Etikett also zum Beispiel 100% Baumwolle zu lesen ist, bekommt man häufig noch 27 % Chemie gratis mitgeliefert:

- 2 % Polyacryl,
- 8 % Farbstoffe,
- 14 % Harnstoff-Formaldehytharz,
- 3 % Weichmacher und
- 0,3 % optische Aufheller.

Von dem „Chemiecocktail" verbleiben ca. 10 % auf den Textilien und treffen so auch die Konsumenten und Konsumentinnen. Der Rest wird ins Abwasser gespült oder emittiert in die Luft.

Es geht auch anders…

Gegenwärtig werden circa 0,1 % der weltweit produzierten Baumwolle nach ökologischen Kriterien angebaut. Dies erscheint nicht viel, aber sowohl die Anbauflächen als auch die produzierte Menge wachsen rasant: wurden 2000/2001 noch ca. 6.480 Tonnen weltweit angebaut, waren es 2004/2005 bereits 25.394 Tonnen.

Was ist anders im biologischen Anbau? Ökologischer Anbau ist nicht alleine das Weglassen von Pestiziden und Mineraldüngern. Grundlagen jeder biologischen und nachhaltigen Wirtschaftsweise sind ein fruchtbarer Boden sowie eine artenreiche Umwelt mit Blütenpflanzen, Insekten, Vögeln und anderen Tieren in einem natürlichen Gleichgewicht. Unterschiedliche Pflanzenarten bieten Versteck, Brutgelegenheit und Nahrung für verschiedene insektenfressende Tierarten. Diese wiederum sorgen dafür, dass Schädlinge nicht überhand nehmen. Ein gesunder und belebter Boden trägt zu gutem Wurzelwachstum und besserer Toleranz der Kulturpflanze gegenüber Insektenfraß und Dürre bei. Das Ziel ist also ein sich selbst stabilisierendes System.

Dieses entsteht durch:

- Fruchtfolgen (z.B. mit Mais, Hirse oder Reis)
- Mischkulturen (z.B. mit Leguminosen wie Erdnüssen)
- Standortangepasste Sorten
- Nutzung von Kompost und organischen Abfällen sowie
- natürlichen Pflanzenschutz (z.B. Neem oder Lockpflanzen).

Für eine Zertifizierung nach den Kriterien des „kontrolliert biologischen Anbaus" müssen die Flächen mindestens drei Jahre lang nach den Regeln des biologischen Landbaus ohne chemisch-synthetische Pestizide und Düngemittel bewirtschaftet worden sein. Der Einsatz gentechnisch veränderter Organismen, also auch von Gen-Baumwolle, ist grundsätzlich verboten.

Die Abnehmer der Bio-Baumwolle zahlen zusätzlich Bio-Prämien von 20 bis 40% für den Mehraufwand. In den USA und der Türkei, die eine Vorreiterrolle einnahmen, wurden Ende der 1980er Jahre erste Versuche mit dem biologischen Baumwollanbau gemacht. Heute wird in knapp 20 Ländern der Erde unter den jeweiligen Standortverhältnissen erfolgreich Bio-Baumwolle produziert. Beispielsweise kommt die Biobaumwolle für die Öko-fairen T-Shirts von LamuLamu aus Uganda. Das Lango Organic Project in der Lira Region bietet mittlerweile 12.000 Kleinbauern ein familiengerechtes Einkommen. Zusätzlich erhalten die Bauern Hilfe zur Erschließung weiterer Einkommensquellen wie z.B. Biohonig (vgl. www.helvetas.ch / http://www.biothemen.de/).

Zahlen zur (Bio-) Baumwolle

	Konventionelle Baumwolle	Bio-Baumwolle
Weltweite Anbaufläche in ha (Durchschnitt 2000-2004)	**33 Mio. ha** (< 3 % der weltweiten landw. Nutzfläche)	**30.000 ha** (< 0,1% der weltweiten Baumwollfläche)
Erträge Rohbaumwolle in t pro ha (Erntejahr 2004)	China: 3,3 t USA: 2,0 t Kirgisistan: 3,5 t Mali: 1,0 t Burkina Faso: 1,2 t (Landesdurchschnitt)	Kirgisistan: 2,6 t Mali: 1,1 t Burkina: 1,0 t (Projektdurchschnitt)
Welt-Produktion in t (Durchschnitt 2000-2004)	**20,5 Mio. t**	**26.650 t** (ca. 0,1% d. weltw. Faserproduktion)
Wert d. gehandelten Baumwolle in US$ (Exporte 2003)	**8 Mrd.**	**32 Mio.**
Staatliche Unterstützung in US$	USA: ~ 4,0 Mrd. China: ~ 1,2 Mrd. EU: ~ 0,7 Mrd.	keine
Größte Produzenten (>1 Mio. t Fasern)	China: 15,5 Mio. t USA: 10,0 Mio. t Indien: 6,1 Mio. t Pakistan: 5,7 Mio. t Usbekistan: 3,1 Mio. t (zus. 68% der Weltproduktion)	Türkei: 12.500 t USA: 1809 t China: 1787 t Tansania: 590 t
Größte Produktionsländer (% der Gesamtproduktion)	China: 26% USA: 17% Indien: 10% Pakistan: 10% Usbekistan: 5%	Türkei: 47% Indien: 11% USA: 6,8% China: 6,7% Tansania: 2,2% Mali: 0,3%

■ Quelle: http://www.helvetas.ch/wDeutsch/topic_themes/biobaumwolle/Fakten_Bio-Baumwolle.asp?navid=39

Anregungen für die Unterrichtsgestaltung

Lernziele

Die Schülerinnen und Schüler

- erhalten grundlegende Informationen zur Baumwollpflanze,
- entdecken Baumwolle mit Augen und Händen,
- lernen die soziale und ökologische Seite von Anbau und Produktion der Baumwolle kennen und
- erlangen Wissen über die Anbauländer und die Lebens- und Arbeitsbedingungen der Bauern und Produzenten.

Ausstellung: Baumwolle überall

Altersstufe: Für jede Altersstufe geeignet
Dauer: Hausaufgabe; in der Klasse: ca. 45 min je nach Art der Auswertung

Viele Dinge aus unserem täglichen Leben bestehen aus Baumwolle oder enthalten Baumwolle, nicht nur unsere Kleidung. Die Schüler/innen sollen sich zuhause einmal auf eine Spurensuche begeben: Wo könnte überall Baumwolle enthalten sein? Sie erhalten den Auftrag, möglichst viele dieser Gegenstände mit in die Schule zu bringen, um in der Klasse eine Baumwoll-Ausstellung zu erstellen.

Vgl. Karpinski, Dorothea / Mönning, Petra (Mülheim an der Ruhr, 2001): Baumwolle - Eine Aktivmappe, 8f.

Experiment: Baumwollpflanzen selbst ziehen

- Altersstufe: Jede Altersstufe
- Dauer: Langzeitprojekt

Baumwollsamen können bei der Bremer Baumwollbörse (www.baumwollboerse.de) bestellt werden.

Leider ist es nicht möglich, mit den Kindern den Anbau der Baumwolle in der Natur zu beobachten. Es kann aber versucht werden, in der Klasse eine Baumwollpflanze selbst zu ziehen – mit ganz viel Glück können sogar reife Kapseln geerntet werden.

Die Baumwollsamen sollten zeitig im Frühjahr in einer Samenschale, die eine Mischung aus sauberem Sand und ungedüngtem Torf oder Blumenerde enthält, ausgesät werden. Nicht tiefer als 1 cm säen. Das Saatgefäß muss warm und hell stehen und zu Beginn mit einer Plastikhaube oder –tüte abdeckt werden.

Die Erde sollte feucht, aber nicht nass sein. Haben die Pflänzchen etwa sechs Blätter, können sie in kleine Töpfe mit normaler Blumenerde umgepflanzt werden. Die erwachsene Pflanze braucht später einen Topf mit einem oberen Durchmesser von mindestens 15 cm und nahrhafte Erde. Auf Schädlinge sollte geachtet werden.

Baumwolle liebt einen sonnigen, warmen, luftigen Platz am Fenster. Ein dünner Stab sollte die Pflanzen stützen. Gleichmäßige Feuchte und Düngung (alle 14 Tage) bringen ab Juli die ersten Blüten. Im Verlauf von drei Tagen verfärben die Blüten sich von weißlich über gelb bis rot. Die walnussgroßen Samenkapseln platzen bei der Reife auf. In den herausquellenden Faserbüscheln sitzen die Samen.

Vgl. Bremer Baumwollbörse.

Sinneserfahrung: Baumwollzweige mit Kapseln untersuchen

Altersstufe: Jede Altersstufe, vor allem auch Jüngere
Dauer: 10 min (als Einstieg in die Thematik)

Baumwollzweige können bei der Bremer Baumwollbörse (www.baumwollboerse.de) bestellt werden. Gerade für Kinder ist es wichtig, Baumwolle auch sinnlich zu erfahren.
Sie sollen fühlen, wie Baumwollkapseln an einem Zweig hängen und wie sich der Zweig im Unterschied zu den Kapseln anfühlt. Sie sollen sich mit Augen und Händen mit Kapseln und Fasern beschäftigen und auch Gelegenheit erhalten, Roh-Baumwolle zu erspüren: ihre Wärme, Flauschigkeit usw.

In einem kleinen Experiment können Kinder versuchen, aus der Rohbaumwolle zwischen den Fingern einen Faden zu rollen. Wird den Kindern zusätzliches Bildmaterial von Baumwollfeldern und –pflückern (z.B. die Diaserie der Bremer Baumwollbörse) gezeigt, können sie erkennen, wie mühevoll die Baumwollernte ist.

Vgl. Marianne Herzog (2003): Mehrperspektivischer Textilunterricht, 50 ff.

Arbeitsblatt: Die Baumwollpflanze

Altersstufe: Für jede Altersstufe
Dauer: Ca. 45 min

Kopiervorlage vorhanden (Arbeitsblatt 9, S. 121)

Nachdem sich die Schüler/innen mit der Baumwollpflanze befasst haben (z.B. auf Grundlage der Ausstellung „Auf der Weltreise einer Jeans“ und/oder einer sinnlichen Erfahrung mit Baumwollzweig und -kapseln), sollen sie in Einzelarbeit oder zu zweit eine Baumwollpflanze beschriften. Quelle: Karpinski, Dorothea / Mönning, Petra (Verlag an der Ruhr Mülheim, 2001): Baumwolle - Eine Aktivmappe 30.

Textiles Gestalten: Färben mit Pflanzen

Altersstufe: Ab Klasse 3
Dauer: Mind. 90 min

Benötigt werden:
• 1 alter Kochtopf | • 1 l Wasser | • Etwas Salz
• Als Farbe: 3 Knollen Rote Beete oder 2 Tl Kurkuma oder 3 Hand voll Birkenblätter
• Zum Färben: weißer oder heller Stoff / T-Shirt o.ä.

Früher haben die Menschen Stoffe mit Pflanzen gefärbt. Dies können Schüler/innen auch selbst einmal ausprobieren. Am besten lassen sich möglichst helle oder weiße Sachen aus Baumwolle färben.

Ein helles Rot erreicht man mit Rote-Beete-Gemüse, ein leuchtendes Orange mit dem Gewürz Kurkuma und ein Gelbgrün mit Birkenblättern.

In einen Topf mit einem Liter Wasser werden 2 oder 3 (geschälte und zerkleinerte) Rote-Beete-Knollen oder 2 Tl Kurkuma oder 3 Hände voll Birkenblätter gegeben. Die Mischung wird zum Kochen gebracht und sollte anschließend 30 min ziehen. Dann kann das Gemüse, Gewürz oder die Blätter abgesiebt werden, das Gemüse kann gegessen werden! In dem nun farbigen Wasser werden 4 Tl Salz aufgelöst. Der zu färbende Stoff wird in die Färbemischung eingetaucht und 20 min darin gelassen. Abschließend wird der gefärbte Stoff unter kaltem Wasser ausgewaschen und zum Trocknen aufgehängt. **Achtung**, hierbei sollten Gummihandschuhe angezogen werden! Vgl. Mönter, Burckhard / Pieper, Christiane (1999): Schau mal: Kleider, Kleider, Kleider! S. 31.

Recherche: Sonderzeitung „Baumwolle“

Altersstufe: Ab Klasse 5
Dauer: Ca. 120 min

➡ Arbeitsauftrag für Kleingruppen

Ihr seid Journalisten bei einer kleinen Wochenzeitung und erhaltet die Aufgabe, eine Sonderseite zum Thema „Baumwolle“ zu gestalten. Überlegt euch, welche Informationen enthalten sein müssen. Recherchiert (z.B. im Internet, in Lexika,...) und fasst das Wichtigste zusammen und schreibt kurze Artikel.

Ergänzt eure Texte mit Bildern der Pflanze, einer Karte der Anbaugebiete usw.
Erstellt die Zeitungsseite in Postergröße und hängt sie in eurer Klasse auf.

Rollenspiel: „Es geht auch anders...“

Altersstufe: Ab Klasse 6
Dauer: 120 min

Kopiervorlagen vorhanden (Arbeitsblatt 10, S. 122)

Baumwollanbau ist auch umweltschonend möglich! Im Anschluss an die Auseinandersetzung mit der „chemischen“ Seite der Baumwolle, ist es wichtig, sich mit Alternativen zu befassen. Der Baumwollanbau im peruanischen Cañete-Tal bietet ein positives Beispiel.
Die Schüler/innen sollen sich den Text zunächst einmal einzeln durchlesen.

Anschließend sollen sie in kleinen Gruppen eine Tabelle erstellen, in der sie den Baumwollanbau früher und heute miteinander vergleichen.

Auf dieser Grundlage sollen sie einen Dialog zwischen einem der Cañete Bauern und einem Plantagenbesitzer, der Baumwolle auf die herkömmliche Art und Weise, also unter Einsatz von Chemikalien anbaut, aufschreiben. - Natürlich will jeder den anderen von seinen Anbau-Methoden überzeugen. Deshalb ist es sinnvoll, dass sich die Schüler/innen vorher schon Argumente überlegen, die jede Seite anbringen könnte.
Der Dialog wird dann mit verteilten Rollen in der Klasse gespielt.

Quelle: Karpinski, Dorothea / Mönning, Petra (Verlag an der Ruhr, Mülheim 2001): „Baumwolle - Eine Aktivmappe, 38f.

Recherceauftrag: Anbauländer

Altersstufe: Ab der 7. Klasse

Dauer: Je nach Intensität; Gruppenarbeit, evt. auch als Hausaufgabe

➡ Arbeitsauftrag für Kleingruppen

Findet durch Internet- oder Literatur- Recherche mehr über die Länder heraus, in denen Baumwolle angebaut wird:

- Welche Rohstoffe wachsen in dem jeweiligen Land?
- Wie hoch ist dort das Bruttosozialprodukt? Vergleicht es mit dem Bruttosozialprodukt von Deutschland.
- Wie viele Menschen leben in dem Land, wie viele davon sind arm, können nicht lesen und schreiben usw.
- Überlegt, was ihr euren Mitschüler/innen noch über das Land erzählen möchtet.

Erstellt in Gruppenarbeit eine Präsentation, ein Plakat, Folien usw., um euren Mitschüler/innen das Land vorzustellen.

Rechnen: Wie viel Baumwolle steckt in euren T-Shirts?

Altersstufe: Ab Klasse 7

Dauer: Ca. 20 – 30 min

Kopiervorlage vorhanden (Arbeitsblatt 11, S. 123)

Die Schüler/innen erhalten das Arbeitsblatt: „Woher kommen die Rohstoffe der Kleidung?". Auf dieser Grundlage sollen sie berechnen, wie viel Baumwolle in unterschiedlichen Kleidungsstücken enthalten ist. Diese Übung erhöht die Wertschätzung der eigenen Kleidung, insbesondere wenn zuvor eine Auseinandersetzung mit Anbau und Ernte der Baumwolle stattgefunden hat.

Quelle: PING / Praxis integrierter naturwissenschaftlicher Grundbildung (2001): Eine Musterkollektion für Marie und Alexander. Wir kleiden und schmücken uns, 2.08B.

Recherche: Wo bleibt das Wasser für den Aralsee?

Altersstufe: Ab Klasse 7

Dauer: Recherche-Auftrag, evtl. als Hausaufgabe, sonst mind. 90 min

Kopiervorlage vorhanden (Arbeitsblatt 12, S. 124)

➡ Arbeitsauftrag

Wenn ihr euch in eurer Umgebung umschaut, könnt ihr von Zeit zu Zeit Veränderungen wahrnehmen: Hier eine neue Brücke, dort ein Neubaugebiet oder ein Lärmschutzwall. Wenn ihr einen Film über die Veränderung der Landschaft in den letzten tausend Jahren sehen könntet, würden euch dramatische Veränderungen auffallen. In manchen Regionen der Erde verändert sich das Gesicht der Landschaft in nur wenigen Jahrzehnten ebenso stark. Mit unserem Kauf von T-Shirts, Jeans und anderer Kleidung aus Baumwolle sind auch wir daran beteiligt, ferne Regionen zu verändern.

Am Beispiel des Aralsees könnt ihr herausfinden, warum T-Shirts Landschaften verändern können.

Quelle: PING / Praxis integrierter naturwissenschaftlicher Grundbildung (2001): Eine Musterkollektion für Marie und Alexander. Wir kleiden und schmücken uns, 3.03 A und B.

Zur Vertiefung

- Bremer Baumwollbörse: Der Weg der Baumwolle von der Faser zum Stoff
- Herzog, Marianne (2003): Mehrperspektivischer Textilunterricht. Ideen, Anregungen und Materialien für die Grundschule
- Coordination gegen BAYER-Gefahren, India Committee of Netherlands, Global March Against
- Child Labour (Hg.; 2003): Kinderarbeit im indischen Baumwoll-Anbau und die Rolle multinationaler Saatgut-Produzenten
- Karpinski, Dorothea / Mönning, Petra (Mülheim an der Ruhr, 2001): Baumwolle - Eine Aktivmappe, 20ff.
- Mönter, Burckhard / Pieper, Christiane (Luzern, 1999): Schau mal: Kleider, Kleider, Kleider
- Rosenkranz, Bernhard / Schmidt, Eva (Berlin, 1999): In Hülle & Fülle
- Strütt-Bringmann, Traude (Hg.) (Bonn 1994): Der Stoff aus dem die Kleider sind
- Welthungerhilfe (Bonn 2004): Baumwolle. Weißes Gold im Ausverkauf
- www.helvetas.ch (Bio-Baumwolle)
- www.pan-germany.org (Bio-Baumwolle)

Arbeitsblatt 9

So wächst die Baumwolle

Die Baumwollpflanze (2)

Der botanische Name der Baumwollpflanze ist ______.

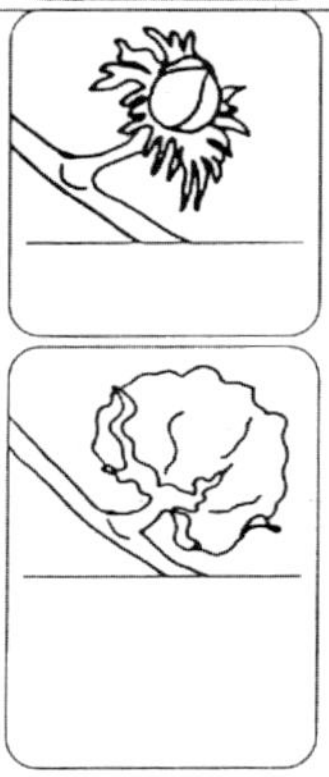

Setzt folgende Begriffe ein:

reifes Samenbällchen aus Samenhaaren – Gossypium – Blüte – gefingerte Blätter – Kapsel

Untersucht eine Baumwollkapsel. Woraus besteht sie, wie sehen die Baumwollsamen und Baumwollfasern aus? Macht eine Zeichnung und beschriftet sie mit den entsprechenden Fachbegriffen.

Untersucht ein Stück reine Baumwolle (zum Beispiel Watte). Wie fühlt sie sich an, wie sieht sie unter dem Mikroskop aus?

Quelle: Karpinski, Dorothea / Mönning, Petra (Verlag an der Ruhr, Mülheim 2001): Baumwolle - Eine Aktivmappe, 30

Es geht auch anders…

Baumwolle anpflanzen und dabei die Umwelt schonen – das ist auch möglich. Ein Beispiel dafür ist das Cañete-Tal in der peruanischen Wüste.

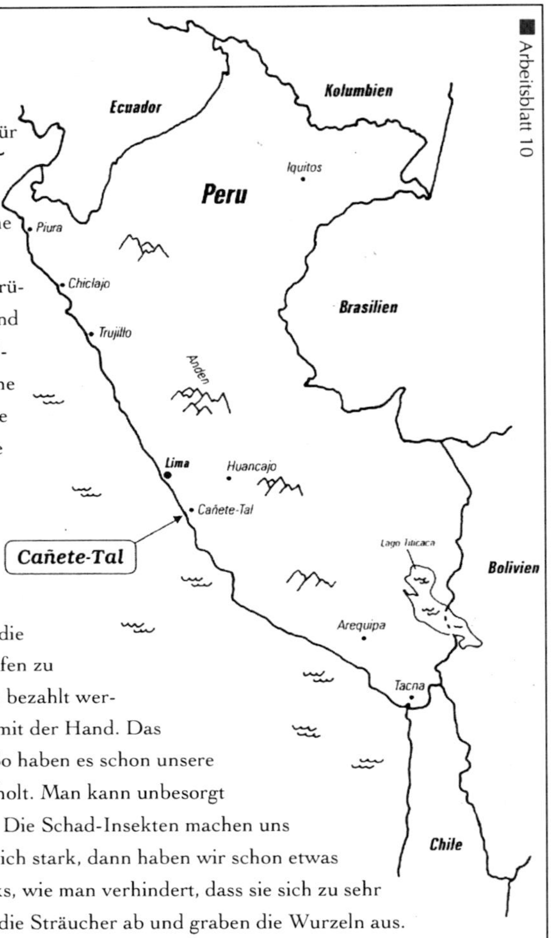

Ein Cañete – Bauer berichtet: „Baumwolle ohne chemische Mittel anzubauen – das war für uns Bauern hier im Cañete-Tal die letzte Rettung. Früher haben wir künstlichen Dünger verwendet und das ganze chemische Zeug gegen den Baumwollblattwurm und die Zikaden. Das war ja auch eine große Arbeitserleichterung für uns. Man brachte nur alles auf die Pflanzen zu versprühen und die Ernte besorgten die Maschinen.

Aber gerade das war schlecht. Mit der Chemie haben wir unsere Flüsse vergiftet, aus denen wir auch das Trinkwasser beziehen. Viele von uns Bauern haben auch Schulden gemacht, um die Dünge- und Schädlingsbekämpfungsmittel kaufen zu können. Und die Erntemaschinen mussten auch bezahlt werden.Heute pflücken wir die Baumwolle wieder mit der Hand. Das ist zwar mühsamer, aber für uns auch billiger. So haben es schon unsere Vorfahren gemacht. Auch die Natur hat sich erholt. Man kann unbesorgt im Fluss baden und das Wasser daraus trinken. Die Schad-Insekten machen uns immer noch Sorgen. Manchmal vermehren sie sich stark, dann haben wir schon etwas Angst um unsere Ernte. Aber es gibt auch Tricks, wie man verhindert, dass sie sich zu sehr ausbreiten. Z.B. Schneiden wir nach der Ernte die Sträucher ab und graben die Wurzeln aus. So können Insekten, die ihre Eier auf den Pflanzen oder an den Wurzeln abgelegt haben, gar nicht erst ausschlüpfen."

Arbeitsauftrag: Baumwollanbau wie ihn der Cañete-Bauer beschreibt, ist immer noch selten. Auf den großen Plantagen wird nach wie vor viel Chemie und Wasser verbraucht, obwohl die Schäden für Menschen und Umwelt immens sind.

1. Vergleicht den Baumwollanbau im Cañete-Tal früher und heute in einer Tabelle miteinander.
2. Schreibt einen Dialog zwischen einem der Cañete-Bauern und einem Plantagen-Besitzer, der Baumwolle unter Einsatz von Chemikalien anbaut. Jeder will den anderen von seinen Methoden überzeugen. Überlegt euch Argumente, die jede Seite anbringen könnte.
3. Spielt den Dialog mit verteilten Rollen in der Klasse.

■ Quelle: Karpinski, Dorothea / Mönning, Petra (Verlag an der Ruhr, Mülheim 2001): Baumwolle - Eine Aktivmappe, 38 (Grafiken), 39 (Text).

Arbeitsblatt 11

Woher kommen die Rohstoffe der Kleidung?

Berechnen

Wieviel Baumwolle steckt in euren T-Shirts?

▶ **Seht** euch die Abbildung zur Verwendung der Baumwolle an.

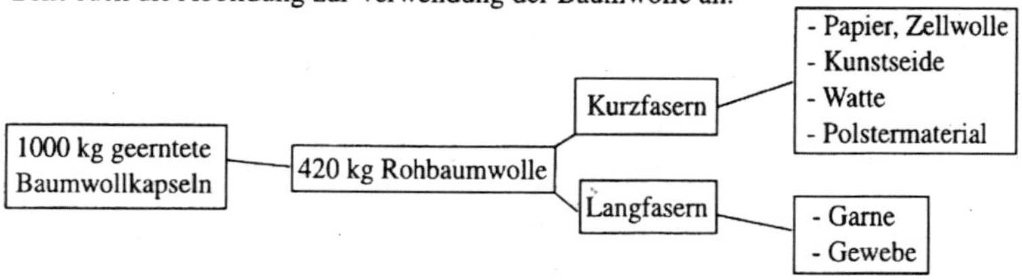

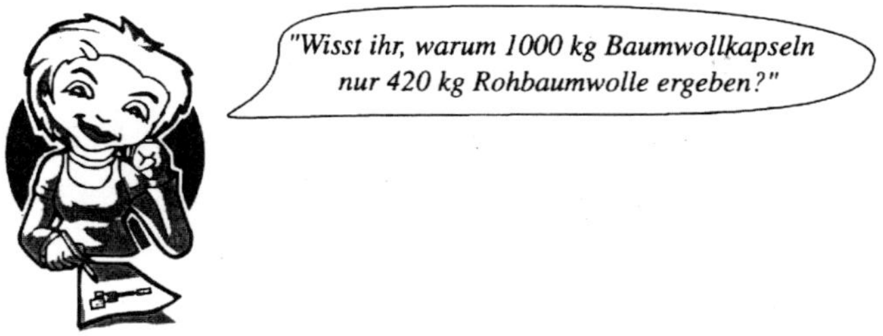

▶ **Von** der gewonnenen Rohbaumwolle kann man nur Langfasern zu Garn verarbeiteten. Der Anteil der Langfasern liegt zwischen 15 % (Baumwolle aus den Ländern der ehemaligen Sowjetunion) und 55% (Baumwolle aus Ägypten).

▶ **Errechnet** nun, welche Menge (Masse) in Kilogramm (kg) Baumwollkapseln man benötigt, um eines eurer T-Shirts herzustellen. Dazu müsst ihr das T-Shirt wiegen und dann mit Hilfe des Dreisatzes berechnen, wie viele Baumwollkapseln man dafür ernten muss.

▶ **Berechnet** nach dem gleichen Verfahren auch, wieviele Baumwollkapseln man ernten muss, um alle Baumwolltextilien, z. B. T-Shirts, Jeans, ... herzustellen, die an eurer Klasse bzw. Schule getragen werden.

▶ **Stellt** eure Rechnung und das Ergebnis übersichtlich dar und informiert eure Mitschülerinnen und Mitschüler.

Quelle: PING / Praxis integrierter naturwissenschaftlicher Grundbildung (2001) SH78.17.08.01.2.08B

T-Shirts, Jeans und Co. verändern das Gesicht der Erde

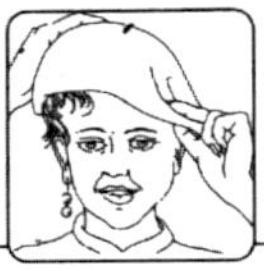

Wirkung des Kleidens und Schmückens

Arbeitsblatt 12

Wenn ihr euch in eurer Umgebung umschaut, könnt ihr von Zeit zu Zeit Veränderungen wahrnehmen: Hier eine neue Brücke, dort ein Neubaugebiet oder ein Lärmschutzwall. Wenn ihr einen Film über die Veränderung der Landschaft in den letzten tausend Jahren sehen könntet, würden euch dramatische Veränderungen auffallen. In manchen Regionen der Erde verändert sich das Gesicht der Landschaft in nur wenigen Jahrzehnten ebenso stark. Mit unserem Kauf von T-Shirts, Jeans und anderer Kleidung aus Baumwolle sind auch wir daran beteiligt, ferne Regionen zu verändern.

Am Beispiel des Aralsees könnt ihr herausfinden, warum T-Shirts Landschaften verändern können.

Wie hat sich der Aralsee verändert?

▶ **Lest** den folgenden Text:

Ein See stirbt
Kaum 30 Jahre ist es her: An den schilfbestandenen Ufern des "Blauen Meeres" und in den angrenzenden, mehrere Kilometer breiten Wäldern lebten zahlreiche Vogelarten, Tiger und Wildschweine. Aus dem See wurden reichlich Karpfen, Hechte und Zander gefangen. Urlauber erholten sich an dem viertgrößten Binnenmeer der Welt - 120mal größer als der Bodensee.
Heute ist von dem Blauen Meer - Aralsee - nicht mehr viel übrig geblieben, Fische gibt es hier nicht mehr. Gemüse und Obst werden hier nicht mehr geerntet. Schuld ist der Mensch. Um riesige Baumwollplantagen zu bewässern, wurden die einzigen Zuflüsse gnadenlos angezapft und auf die Felder umgeleitet.
Die Umgebung ist durch den Einsatz von Pestiziden verseucht. Jedes zehnte Neugeborene stirbt in den ersten Lebensmonaten.
Quelle: Cornelia A. Schlieper: Textilarbeit Schritt für Schritt, Hamburg 2000

▶ **Forscht in einem Atlas nach**, wo sich der Aralsee befindet.

▶ **Beantwortet** dann mit Hilfe der Atlaskarten folgende Fragen:

1. In welchem Land liegt der Aralsee?
2. Welche Flüsse versorgen den See mit Wasser?
3. Aus welchen Gebirgen stammt das Wasser?
4. In welcher Klimazone befindet sich der See?
5. Welche natürlichen Landschaften umgeben den Aralsee?
6. Was wird an den zuführenden Flüssen hauptsächlich angebaut?
7. Welche Alternativen zum Baumwollanbau hätten die Anwohner des Sees und der Flüsse?

Quelle: PING / Praxis integrierter naturwissenschaftlicher Grundbildung (2001) SH78.17.08.01.3.03A

T-Shirts, Jeans und Co. verändern das Gesicht der Erde

Arbeitsblatt 13

Nachforschen

Wo bleibt das Wasser für den Aralsee?

▶ **Klickt** im Internet unter *http://www.wasser-macht-schule.de* die Rubrik "Sendungen" an und schaut euch die Seiten über den Aralsee an.
Oder / und lest in TERRA Geografie 8, Klett Verlag 1997 die Seiten 24-25

▶ **Leiht euch** von der Bildstelle einen Video-Film über den Aralsee (z.B. 42 83031) oder die DVD (460138) aus.

▶ **Beantwortet** mit Hilfe dieser Informationsquellen die folgenden Fragen:
1. Wie sah es am Aralsee bis zum Jahre 1960 aus?
2. Warum erreicht selbst unter natürlichen Bedingungen nur etwa die Hälfte des Gebirgswassers in den zuführenden Flüssen den Aralsee?

3. Wie veränderten sich die Zuflussmengen seit 1960?
4. Warum und wofür wurde den Flüssen so viel Wasser entzogen?
5. Wie wirkten die menschlichen Eingriffe in den Naturhaushalt ...
   a) auf das Ökosystem des Aralsees?
   b) auf die Wind- und Temperaturverhältnisse?
   c) auf den Boden?
   d) und auf die Menschen?
6. Welche Probleme bereitet die Baumwollmonokultur den Menschen und der Natur der Region?
7. Wie beurteilt ihr die Zukunfts-Chancen des Aralsees, der Natur und der Menschen?

Gemeinsame Auswertung:

▶ **Stellt** eure Forschungsergebnisse in eurer Klasse vor.

▶ **Diskutiert** dann folgende Fragen:
- Hat unser Umgang mit Kleidung Einfluss auf die Natur und die Menschen in anderen Ländern?
- Führt der Baumwollanbau in anderen Ländern zu ähnlichen Problemen wie am Aralsee?
- Welchen Beitrag könnt ihr zum Wohle der Menschen und der Umwelt am Aralsee leisten?

Quelle: PING / Praxis integrierter naturwissenschaftlicher Grundbildung (2001) SH78.17.08.01.3.03B

Hintergrund Informationen

Textile Kette – Welthandel mit Textilien

In den letzten 30 Jahren wurde der internationale Handel immer weiter liberalisiert. In der Folge wurde es möglich, dass einzelne Abschnitte einer mehrgliedrigen Produktionskette an den jeweiligen Ort verlagert werden, an dem sie am kostengünstigsten erledigt werden können.

Auf Grund des höheren Lohnniveaus in den westlichen Industrieländern, haben besonders solche Wirtschaftszweige, die auf Handarbeit angewiesen sind, die arbeitsintensiven Herstellungsschritte in Niedriglohnländer ausgelagert.

Ein solcher Industriezweig ist die Bekleidungswirtschaft. Der Kapitaleinsatz bei der Herstellung ist gering, der Arbeitszeitbedarf jedoch vergleichsweise hoch. Dazu kommt, dass das Produkt leicht transportierbar ist und die Vermarkter umsatzstarke Unternehmen mit häufig internationalem Engagement sind. Firmen wie H&M, adidas und Levi's haben längst weit über den Ort ihrer Gründung hinaus expandiert. Gleichzeitig sind sie in Bezug auf ihre Bezugsquellen mobil und als große Nachfrager diktieren sie ihren wesentlich kleineren Zulieferern Preise und Produktionsbedingungen.

Der klassische Produktionsweg unserer Kleidung sieht so aus, dass der Markenartikler, die Handelskette oder das Versandhandelsunternehmen Aufträge direkt oder über Mittler an Firmen der Bekleidungsindustrie vergibt. Wo diese nicht entsprechend der Bedingungen oder zu den geforderten Preisen liefern können, beauftragen sie Subunternehmer, die den ganzen Auftrag oder Teile davon bearbeiten. Ein Unternehmen wie adidas – Salomon produziert am eigentlichen Firmensitz im deutschen Herzogenaurach kaum etwas. Turnschuhe und Trainingsanzüge werden über die textile Kette in Hunderten von kleinen Fabriken in Osteuropa, Mittel- und Südamerika sowie Asien gefertigt.

Doch es werden nicht nur einzelne Arbeitsplätze „verlagert", ganze Firmen verlassen das Land oder geben die Produktion auf: Alleine zwischen 1970 und 1999 hat sich die Anzahl der Unternehmen in der Bekleidungsindustrie von 2.995 („alte" Bundesländer) auf 681 (inklusive „neue" Bundesländer) verringert. In Deutschland werden nur noch ca. 10 % der Bekleidung hergestellt, die hier getragen wird.

Dennoch hat die Textil- und Bekleidungsindustrie weltweit betrachtet nach wie vor eine große wirtschaftliche Bedeutung: In beiden Branchen zusammen arbeiten rund 28 Millionen Menschen, das sind 14 % der Arbeitsplätze in der Welt.

Die textile Kette

Einem Kleidungsstück sieht man nicht an, wie es entstanden ist. Auch wenn im Etikett meist nur ein Herkunftsort angegeben wird, haben die meisten Baumwoll-Kleidungsstücke schon eine halbe Weltreise hinter sich, wenn sie hier bei uns auf dem Ladentisch landen. Den Weg der Kleidung nennt man „textile Kette". Sie beginnt mit dem Anbau der Baumwolle und endet erst mit der Entsorgung der Jeans. Im Überblick sieht sie folgendermaßen aus:

Am Beispiel der Jeans wird deutlich, wie viele einzelne Arbeitsschritte die textile Kette umfasst.

So kann es sei, dass die Firma Levi's (Firmensitz in San Francisco) eine Fabrik in China, mit der Herstellung von 5.000 Paar Jeanshosen der Marke 501 beauftragt.

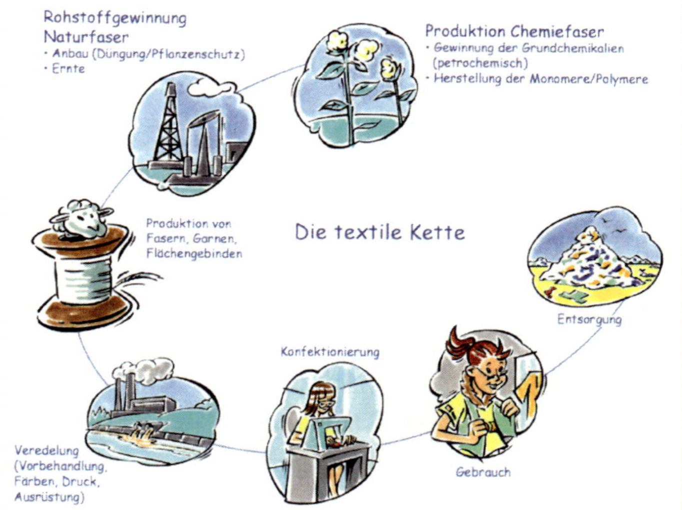

■ Quelle: http://www.agendakids.muc.kobis.de

Damit die Näher/innen in der Fabrik mit dem Nähen beginnen können, muss zunächst der Stoff geordert werden.

Dessen Herstellung aber beginnt z.B. in Kasachstan. Die Baumwolle wird hier auf großen Plantagen angebaut, gehegt und gepflegt. Nach der Ernte und dem ersten Reinigen wird die Baumwolle in Ballen gepresst und in die Türkei verschifft. Hier wird in der Spinnerei aus Baumwolle Garn gesponnen. Das Garn wird anschließend nach Taiwan geschickt, wo in der Weberei der Jeansstoff gewebt wird. Noch ist der Stoff aber naturfarben.

Damit er die typische „Jeans-Farbe" erhält, wird der Stoff nach Frankreich oder Tunesien geschickt. Hier wird er mit Farben, die aus Polen kommen, eingefärbt.

Dann geht es weiter nach Bulgarien, wo der fertige Jeansstoff veredelt, d.h. weich und knitterarm gemacht wird. Von hier aus kommt der Stoff auf die Philippinen. Der Stoff wird zugeschnitten und endlich in die Fabrik nach China geschickt. Die Jeans bekommen hier ihr endgültiges Aussehen. Sie werden zusammen mit Knöpfen und Nieten aus Italien und Futterstoff aus der Schweiz zusammengenäht. Die Design-Vorlagen hat die Firma Levi's einfach per Internet gesendet... Anschließend kann es sein, dass die Jeans noch einmal in Frankreich Station macht, um den letzten Schliff zu erhalten. Dafür wird sie zusammen mit Bimssteinen aus der Türkei gewaschen und hat dann den so genannten „Stone-washed-Effekt".

Wenn in Amerika schließlich das Firmen-Label in die Jeans eingenäht wird, erhält sie den Aufdruck „Made in USA" und kann jetzt nach Deutschland geschickt werden, um hier in einem Laden verkauft zu werden.

Die Hose hat nun eine Reise von gut und gerne 20.000 Kilometer kreuz und quer über den Erdball zurückgelegt! Die textile Kette verdeutlicht, wie global unsere Wirtschaft heute funktioniert. Der Begriff „Globalisierung" ist nicht umsonst einer der Schlüsselbegriffe der gegenwärtigen wirtschaftlichen und politischen Diskussion.

Arbeitsbedingungen auf dem Welttextilmarkt

90 % unserer Bekleidung wird inzwischen aus anderen Ländern importiert, es gibt nur noch sehr wenige Bekleidungsfirmen, die in Deutschland produzieren (z.B. Lucia, Trigema).
Was dahinter steckt, ist das Gewinndenken der großen Textilkonzerne.
Konzerne wie Esprit, C& A, H&M, Otto und andere große Textil-Marken lassen ihre Kleidung größtenteils dort herstellen und verarbeiten, wo Arbeit am billigsten ist. Das ist in den Entwicklungs- und Schwellenländern Asiens, Afrikas und Südamerikas oder in Osteuropa der Fall. Produziert wird hier zumeist in so genannten Freien Exportzonen (FEZ) und der Schattenwirtschaft (Heimarbeit, Nähstuben u.ä.).

Da viele der ärmeren Länder der Welt kein Geld haben, um eine eigene (Textil-) Industrie aufzubauen, sind sie darauf angewiesen, dass große ausländische Firmen sich im Land niederlassen. Seit den sechziger Jahren wurden in den Entwicklungsländern daher Freie Exportzonen eingerichtet, um ausländische Unternehmen, hauptsächlich aus den USA und dem westlichen Europa anzulocken, und so Arbeitsplätze zu schaffen und die Infrastruktur zu verbessern.

Nach einer Definition der ILO (International Labour Organisation) ist eine Freie Handelszone „eine Industriezone mit speziellen Anreizen für ausländische Investoren, in denen importierte Materialien weiterverarbeitet und dann re-exportiert werden." Die in diesen Zonen agierenden Fabriken produzieren für den internationalen Markt. 70 bis 90 Prozent der Beschäftigten sind Frauen im Alter von 18 bis 25 Jahren. Weltweit arbeiten 43 Mio. Menschen, davon 30 Millionen in China, in Freien Exportzonen. - Mit einem Marktanteil von 65 % ist China zurzeit der weltweit führende T-Shirt-Hersteller, dessen Produktion weitgehend in die Vereinigten Staaten und nach Europa exportiert wird.

14a

Kampagne für saubere Kleidung

Alltag in der Weltmarktfabrik:

Zum Beispiel **adidas**

Die Fabrik Chi-Fung in El Salvador produziert für adidas. Die Arbeiter/innen verdienen den staatlich festgelegten Mindestlohn von umgerechnet 151 Euro. Der reicht nicht aus, um den Grundbedarf einer Familie zu decken.

Die Arbeiter/innen arbeiten täglich 10 Stunden, wenn es die Auftragslage erfordert, auch 12. Auf dem Papier ist niemand zu Überstunden verpflichtet. Trotzdem ist allen klar: „Wer sich weigert, muss gehen." Auch wer eine Gewerkschaft gründen will, fliegt raus.

Um die Arbeitskräfte besser überwachen zu können, befinden sich in der Produktionshalle und in den Toiletten Kameras. Der Arbeitsdruck ist hoch. Wenn man die vorgegebene Stückzahl nicht erreicht, heißt es:
„Draußen gibt es eine Menge Leute, die arbeiten wollen..."

© Foto: Maik Pflaum / Christliche Initiative Romero (CIR)

■ Grafik: Annegret Kühne, Lüneburg

In den Freien Exportzonen herrschen eigene Gesetze bzw. oft gar keine Gesetze. So bleiben die Rechte der Arbeiter/innen, z.B. ein gesetzlicher Mindestlohn, der Schutz vor Ausbeutung oder das Recht zur Gewerkschaftsbildung ebenso wie der Umweltschutz zumeist auf der Strecke.

Auch in der Schatten- oder informellen Wirtschaft ist die Situation der Arbeitenden zumeist nicht besser. Oft ist die Arbeit in den so genannten Sweatshops, den kleinen Hinterhoffabriken, gesundheitsschädlich. Die Arbeiter/innen, häufig auch Kinder und Jugendliche, werden sehr schlecht bezahlt und haben keinerlei soziale Absicherung. Das, was sie verdienen, reicht kaum zum Leben und wenn sie krank werden, erhalten sie gar kein Geld. Hinzu kommt, dass die Arbeiter/innen den Schikanen der Aufseher ausgeliefert sind und sich Demütigungen und Beleidigungen gefallen lassen müssen. Dies trifft Kinder und Jugendliche besonders hart, denn als Minderjährige dürfen sie eigentlich noch gar nicht arbeiten. So müssen die Besitzer der Sweatshops nicht einmal fürchten, dass sich die Mädchen beklagen und ihre Rechte einfordern.

Das Ende des Welttextilabkommens, das am 01. Januar 2005 auslief, verschärfte die Konkurrenz auf dem Welttextilmarkt und damit die Situation der Arbeiter/innen weiter. Bis dahin bestehende Quotenregelungen für einige kleinere textilexportierende Länder wurden aufgehoben und der Handel vollständig liberalisiert. In der Folge reduzierten die großen Unternehmen die Zahl der Zulieferländer und –firmen. Dadurch gingen hunderttausende Arbeitsplätze z.B. in Indonesien, Sri Lanka oder Bangladesh verloren. „Große" Exportnationen wie China konnten hingegen neue Arbeitsplätze schaffen. Dies bedeutet jedoch keine Verbesserung der Arbeitssituation der hier Beschäftigten. Im Gegenteil - der verschärfte Wettbewerb bewirkt eine weitere Informalisierung von Wirtschaft und Beschäftigung.

Dass zwischen den einzelnen Arbeitsschritten der Jeansproduktion durch diese Verlagerung von Teilen des Arbeitsprozesses oft lange Transportwege liegen, stört dabei nicht. Die Arbeiter und vor allem Arbeiterinnen in den Billiglohnländern bekommen so wenig Lohn für ihre Arbeit, dass die Transportkosten nicht besonders ins Gewicht fallen.

Vom Verkaufspreis einer Jeans bekommen die Arbeiterinnen, die sie herstellen, nur etwa 1 Prozent. Eine Jeans, die im Laden 75 Euro kostet, wird in ca. einer halben Stunde genäht. In Deutschland bekommt eine Näherin dafür ungefähr 4 Euro. Zu viel, denn Näherinnen in Osteuropa, Asien oder Mittelamerika sind viel billiger! Dort bekommt eine Näherin teilweise nur 50 Cent pro Jeans. Für die Textil-Konzerne ist dies ein gutes Geschäft. Das bei den Arbeitskräften gesparte Geld investieren sie u.a. in Werbung oder Sponsoring von ohnehin gut verdienenden Sportlern, um noch mehr zu verkaufen.

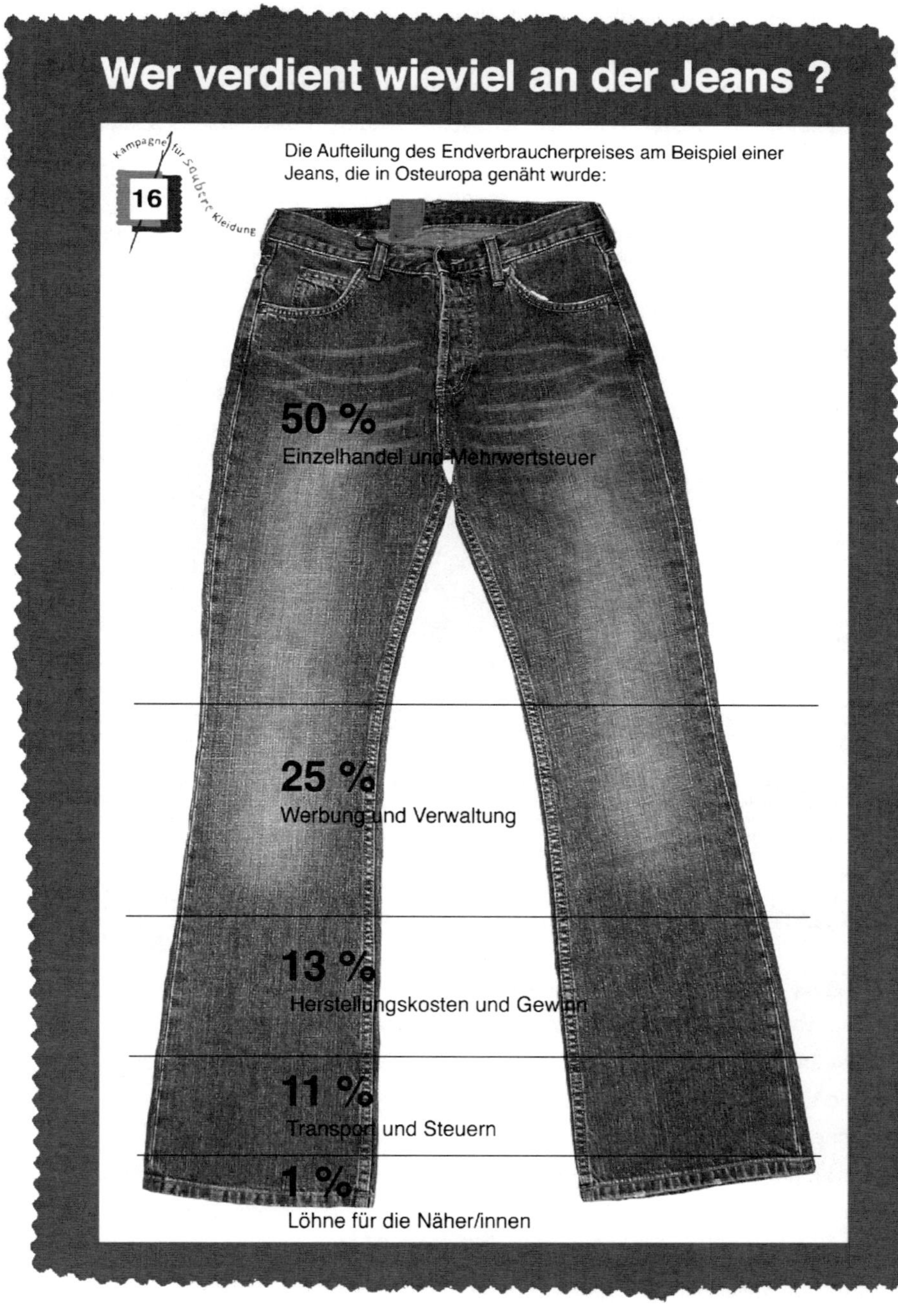

■ Grafik: Annegret Kühne, Lüneburg

In Deutschland produzierte Ware kann nicht so billig angeboten werden, weil die Löhne hier wesentlich höher sind als in den Billiglohnländern. Arbeitnehmerrechte und Löhne, von denen die Arbeiter/innen leben können, haben ihren Preis. – Dass wir diesen Preis oft nicht mehr bereit sind zu zahlen, ist an den vielen Betriebsschließungen in Deutschland abzulesen.

Ein alteingesessenes Lüneburger Textilunternehmen ist die „Lucia AG". Der Lüneburger Betrieb, zu dem auch „LeComte" und „clasen" gehören, produziert nach wie vor in größerem Maße in Deutschland. Dennoch steht auch dieses Unternehmen mehr und mehr vor der Herausforderung, die Produktionskosten zu senken und die Herstellungseffizienz zu steigern. Damit einher gehen die Auslagerung einzelner Produktionsschritte nach Osteuropa und ein Abbau von Arbeitsplätzen in Lüneburg.

Lüneburg (ft) –Die Firma Lucia will 260 ihrer 520 Arbeitsplätze in Lüneburg streichen. Das teilte der Strickwarenhersteller am Donnerstag in einer Presseinformation mit. Rund 210 Beschäftigte aus der Produktion und 50 Angestellte aus der Verwaltung verlieren ihren Job. Teile der Produktion sollen ins rumänische Werk verlagert werden.

Der neue Alleinvorstand Burkhardt Stuhlemmer dazu: „Wir sind uns bewusst, dass hinter jeder Kündigung ein persönliches Schicksal steht, und wir bedauern dieses sehr. Doch wir können die Verluste so nicht mehr tragen." Nach Angaben von Lucia liegt der Verlust im abgelaufenen Geschäftsjahr bei mehr als zehn Millionen Euro.

Lucia will einen Teil der Produktion nach Rumänien verlagern **Foto: he**

Nicht überrascht, aber tief betroffen zeigte sich Lüneburgs Oberbürgermeister Ulrich Mädge: „Das ist sehr bitter für die Arbeitnehmer und Arbeitnehmerinnen, vor allem weil viele Frauen betroffen sind." Nach dem Auf und Ab bei Lucia in den vergangenen Jahren sei das jetzt ein tiefer Einschnitt. Mädge: „Es ist frustrierend, wenn wir mit großer Mühe mit der New York Hamburger 300 Arbeitsplätze ansiedeln und jetzt sind auf einen Schlag 250 Arbeitsplätze weg."

Über die Situation des Unternehmens war der OB schon informiert: „Wir haben auch mit der Unternehmensführung gesprochen, ob zum Beispiel Landesbürgschaften helfen könnten – aber da war nichts zu machen."

Mädge richtet, im Einvernehmen mit Landrat Manfred Nahrstedt, den Blick nach vorn: Stadt und Kreis müssten das Unternehmen unterstützen, damit der Sanierungsplan erfolgreich ist.

Gewerkschaft und Unternehmensleitung müssen sich jetzt auf einen Sozialplan einigen. Mädge: „Sollte es zur Gründung einer Beschäftigungsgesellschaft kommen, dann werden Stadt, Kreis und Arbeitsagentur das organisatorisch unterstützen."

■ Quelle: Lüneburg Kompakt / Die Kreisboten 07.02.2007

Anregungen für die Unterrichtsgestaltung

Praxis Tipps

Lernziele: **Die Schülerinnen und Schüler**

- vollziehen die einzelnen Stationen der Jeans-Produktion nach,
- begreifen strukturelle Weltmarktzusammenhänge am Beispiel der Bekleidungsindustrie,
- setzen sich mit dem Begriff „Globalisierung" auseinander und,
- erkennen die Chancen und Problematiken,
- erfahren (im Spiel), was Kinderarbeit und ausbeuterische Arbeit bedeuten,
- lernen, wie der Preis ihrer Kleidung entsteht und wer daran verdient,
- erkennen den Zusammenhang zwischen unserem Wunsch nach „billiger" Kleidung, und der Situation der Textilarbeiter/innen,
- setzen sich mit der Situation lokaler Bekleidungshersteller auseinander.

„Reiserouten zeichnen“: Den Weg einer Jeans nachvollziehen

Altersstufe: Für jede Altersstufe geeignet
Dauer: Je nach Tiefe der Auseinandersetzung

Kopiervorlage vorhanden (Arbeitsblatt 1, S. 37)

Der Weg der Jeans kann auf unterschiedliche Weise plastisch nachvollzogen werden:

1. Soll dies gemeinsam in der Klasse geschehen, können die Orte auf einer Weltkarte mit Nadeln gekennzeichnet und mit einem Faden verbunden werden. Eventuell kann zusätzlich mithilfe von Bildern, Symbolen oder Stichwörtern verdeutlicht werden, was an welchem Ort geschieht.
2. Die Schüler/innen können auch auf dem Pausenhof eine Weltkarte aufzeichnen und sich auf die verschiedenen Kontinente / Länder verteilen. Mithilfe eines Wollknäuels, das von Station zu Station (d.h. von Schüler zu Schüler) weiter gegeben wird, wird die lange Route deutlich.
3. Die Schüler/innen zeichnen in Einzelarbeit in eine Karte die Reiseroute der Jeans ein (siehe Kopiervorlage). Mit Pfeilen können zusätzlich die jeweiligen Herstellungsschritte hinzugefügt werden.
4. Die Multimedia - CD „Globalisierung“ (DGB Bildungswerk 2001) kann ca. ab Klasse 7 eingesetzt werden: Auf der CD-ROM befindet sich eine Einheit, in der die einzelnen Orte und Arbeitsschritte nacheinander dargestellt werden („Grenzenlos“ => „Globale Waren“ => Weltkleiderfabrik“ => „Weltreise einer Jeans“). Diese können gemeinsam in der Klasse nachvollzogen werden.

Die jeweilige Auseinandersetzung kann erweitert werden, indem die Schüler/innen sich in Kleingruppen mit den einzelnen Stationen der Jeans intensiver befassen: Was genau passiert in welchem Land? Was sind die wichtigsten Kennzeichen des jeweiligen Landes? Mithilfe von Bildern und Symbolen kann die textile Kette visualisiert werden.

Film: „Wo kommen eigentlich die vielen bunten T-Shirts her?

Altersstufe: Ab Klasse 3
Dauer: Film: 10 min + Diskussion

Der Film vom Solidaritätsfonds e.V. führt kindgerecht in die T-Shirt-Herstellung ein: Tom und Isabell aus Hamburg tragen am liebsten T-Shirts, weil die billig und bequem sind. Kumar und Lata, zwei Kinder aus Südindien, arbeiten jeden Tag in einer Textilfabrik in Tirupur. Hier stellen sie mit vielen anderen Kindern tausende von T-Shirts her, die in der ganzen Welt verkauft werden.

Im nachbereitenden Gespräch muss auf die Betroffenheit der Schüler/innen eingegangen werden. Mögliche Themen:

- Kinderarbeit: Viel Arbeit – viel Geld?
- T-Shirt-City: Tätigkeiten der Kinder, Gesundheitsschädigung, Freizeit-Schule
- Warum wollen Isabel und Tom neue T-Shirts, obwohl sie schon so viele haben?
- Warum werden die T-Shirts so billig angeboten?

Im Klassengespräch können die Schülerinnen und Schüler versuchen, das Konsumverhalten von Isabel und Tom zu erklären und sich über ihr eigenes Verhalten Gedanken zu machen. Schlüsselbegriffe wie „chic“, „in“, „cool“, Kernaussagen wie „Man muss mithalten“, „Das machen alle so“ werden gesammelt und es wird gemeinsam überlegt, wie sich etwas verändern lässt. An dieser Stelle ist es gut, Projekte, z.B. von terre des hommes u.a., vorzustellen, die sich für die Rechte von Kindern einsetzen.

Das Papiertütenspiel: Kinderarbeit in Indien

Altersstufe: Ab der 3. Klasse
Dauer: 60 -90 min

Kopiervorlagen vorhanden (Arbeitsblatt 13, S. 143-145)

Die Schüler/innen sollen nicht nur abstrakt hören was Kinderarbeit bedeutet, sondern es auch – zumindest ansatzweise – selbst erleben.
Sie schlüpfen in diesem Spiel in die Rolle indischer Kinder, die ihren Lebensunterhalt selbst verdienen müssen – durch das Falten und Kleben von Papiertüten. Die Kinder erhalten für ihre Arbeit Geld, am Ende des Spiels werten sie aus, wie viel sie hierfür kaufen könnten.
Die Lehrkraft schlüpft in die Rolle des Aufsehers / Händlers.
Das Spiel sollte mindestens 30 Minuten dauern, anschließend muss eine Auswertung und Diskussion erfolgen. Hier müssen insbesondere auch die entstandenen Emotionen bearbeitet werden. Genaue Anweisungen sind in den Spielanweisungen (s. Kopiervorlage) zu finden.

Quelle: Oetringhausen, Hans-Martin (Berlin 1991): United Kids. Ein terre des hommes Buch", 55.

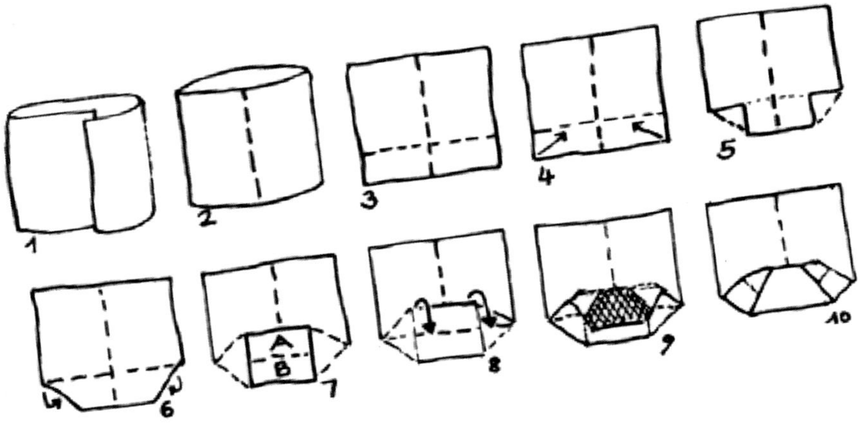

Umfrage: Preise und Löhne

Altersstufe: Ab Klasse 6

Dauer: 45 – 60 min + evtl. eine ‚große' Pause

➡ Arbeitsauftrag

Führt eine Umfrage in eurer Klasse oder in der Schule durch:

- Wie viele Hosen kaufen sich Schüler/innnen an eurer Schule pro Jahr?
- Wie viel Geld geben sie bzw. ihre Eltern dafür aus?
- Gibt es Unterschiede zwischen Jungen und Mädchen?
- Gibt es Unterschiede zwischen verschiedenen Altersgruppen?

Erstellt eine Grafik, die die Ergebnisse verdeutlicht.
Nur ca. 1 % des Preises einer Jeans geht an die Näher/innen. Berechnet, wie viel des ausgegebenen Geldes in Form von Löhnen an die Arbeiter/innen geht.

Seid ihr bereit für eine Jeans mehr zu zahlen? Würde dies wirklich die Lebens- und Arbeitsbedingungen der Textilarbeiter/innen verbessern? Diskutiert in der Klasse, ob es andere Möglichkeiten gibt, die Situation der Arbeiter/innen zu verbessern.

Vgl. Karpinski, Dorothea / Mönning, Petra (Verlag an der Ruhr, Mülheim 2001): Baumwolle - Eine Aktivmappe, 51.

Film mit anschließender Internet-Recherche: „Go Fair! Ein Video über die Produktionsbedingungen in der Sportschuhindustrie" (15 min)

Altersstufe: Ab Klasse 6
Dauer: Film: 15 min + Diskussion + Internet-Recherche

Auch Turnschuhe bieten sich als Identifikationsobjekt für die Auseinandersetzung mit unfairen Arbeitsbedingungen und der Preiszusammensetzung an.

Als Einstieg eignet sich der Film „Go Fair!" der Kampagne für Saubere Kleidung:

„Scotty und Frieda, zwei Kundschafter/innen von einem fernen Planeten landen auf der Erde. Die Bewohner/innen ihres Planeten leiden unter wunden Füßen. Deshalb haben sie den Auftrag nach Lösungen für dieses Problem zu suchen. Scotty und Frieda sind begeistert über die bequemen Sportschuhe der Erdbewohner/innen. Deswegen wollen sie herausfinden, wie und wo diese Sportschuhe hergestellt werden."

Anschließend sollen die Schüler/innen im Internet recherchieren:

- Was erfahren sie bei der Kampagne für Saubere Kleidung über die Arbeitsbedingungen in der Textilindustrie und die Preiszusammensetzung unserer Kleidung?
- Welche Markenhersteller werden von der Kampagne kritisiert?
- Was sagen die Herstellerfirmen zu den Vorwürfen?
- Gibt es Alternativen und Handlungsmöglichkeiten?

Internet-Tipps finden sich in den Literatur- und Medienhinweisen am Ende des Buches.

Simulationsspiel: Die Jeans die arm und reich macht[8]

Altersstufe: Ab 7. Klasse

Dauer: Mind. 180 min

Kopiervorlagen vorhanden (Arbeitsblatt 14, S. 146-157)

Mithilfe dieses Simulationsspiels können Jugendliche die Zusammenhänge des Weltmarkts und den Weg der Textilien nachvollziehen.

Die Schüler/innen bilden fünf Untergruppen. Folgende Rollen sind zu besetzen:

- Verbraucher/innen
- Deutsches Unternehmen
- Fabrikbesitzer in den „Freien Produktionszonen“
- Näher/innen und Gewerkschaften
- Weltbank / Welthandelssystem / Regierung und Polizei

In den Spielrunden werden Jeanshosen hergestellt (ausgeschnitten und genäht), Arbeit entlohnt, Hosen ver- und gekauft und Preise und Löhne immer wieder neu verhandelt.

Hierbei haben die unterschiedlichen Rollen in verschieden großem Maße Einfluss auf das Spielgeschehen. Dies führt teilweise zu Frust, der in der anschließenden Auswertung bearbeitet werden muss.

Obwohl das Spiel recht komplex ist, stellt es die Zusammenhänge natürlich dennoch vereinfacht dar.

Genaue Informationen und Anweisungen finden sich in den Kopiervorlagen.

8 Das hier abgewandelte Spiel wurde entwickelt und gespielt beim Seminar „Die Kleiderkiste“ vom 21. bis 23.02.1997 in Koblenz und ist enthalten in: Amt für Jugendarbeit der Evangelischen Kirche im Rheinland, BDKJ im Bistum Trier u.a. (1997): Die Weltweite Textilbranche. Jugend, Kleidung, Mode - vom Baumwollfeld zur Altkleiderkiste. Arbeitshilfe für die Jugendarbeit als Beitrag zur Kampagne für saubere Kleidung (CCC).

Diskussion: „Macht Kinderarbeit Sinn?“

Altersstufe: Ab Klasse 7
Dauer: 90 min

Kopiervorlagen vorhanden (Arbeitsblätter 15 - 17, S. 158-160)

Die Schüler/innen erhalten die Gegenüberstellung „Kinderarbeit macht Sinn – Kinderarbeit muss abgeschafft werden“ (Welthungerhilfe / Stopp Kinderarbeit. Schule ist der beste Arbeitsplatz; s. Kopiervorlage).

Die Hälfte der Schüler/innen soll sich nun mit Argumenten für Kinderarbeit, die andere mit denen gegen Kinderarbeit befassen. Die Gruppe, die für Kinderarbeit argumentiert, erhält zusätzlich Aussagen von Kinderarbeitern („Wir die Kinderarbeiter“), die Gruppe, die gegen Kinderarbeit argumentiert, erhält zusätzlich einen Auszug aus der UN-Kinderrechtskonvention (siehe Kopiervorlagen).

Je drei Repräsentanten kommen anschließend zu einer Podiumsdiskussion zusammen, die Moderation übernimmt die Lehrkraft. Das Thema der Konferenz lautet „Kinderrechte stärken! Macht Kinderarbeit Sinn?“

Die Vertreter/innen der Gruppen sollen zunächst nacheinander ihre Hauptargumente – möglichst unterstützt durch Plakate – vortragen. Im Anschluss kann der / die Moderator/in zum Beispiel folgende Fragestellungen diskutieren lassen:

- Warum arbeiten Kinder?
- Unter welchen Bedingungen ist Kinderarbeit „in Ordnung“?
- Was kann gegen Kinderarbeit getan werden?

Zur Vorbereitung kann zudem der Artikel “Kinderrechte stärken. Ein Ende der Kinderarbeit ist nicht in Sicht“ dienen (terre des hommes / die zeitung, 4. Quartal 2006, S. 4; siehe Kopiervorlagen bzw. abrufbar unter: http://www.tdh.de/content/themen/schwerpunkte/kinderarbeit/materialien.htm).

Recherche: Frauenarbeit / Arbeitnehmerrechte

Altersstufe: Klasse 7

Dauer: Hausaufgabe / Internet-Recherche + 45 min

Die Schüler/innen befassen sich mit dem Alltag von Frauen in der Textilindustrie, z.B. einer salvadorianischen Maquiladora-Arbeiterin (Texte sind im Internet, z.B. auf den Seiten der Informationsstelle Lateinamerika e.V.: http://www.ila-bonn.de/artikel/271hosentaschen.htm zu finden).

➡ Arbeitsauftrag

Findet durch Internet-Recherche oder Befragung eurer Eltern heraus, welche Rechte für Arbeitnehmer in Deutschland gelten:

- Wie viele Stunden pro Woche arbeiten sie?
- Wie viele Urlaubstage stehen ihnen zu?
- Welche sozialen Absicherungen haben sie?
- Was leistet die Kranken- und Rentenversicherung? / Was passiert, wenn sie krank oder alt sind?
- Was kann ein Arbeitnehmer in Deutschland unternehmen, wenn er von seinen Vorgesetzten ungerecht behandelt wird?

Erstellt in Gruppenarbeit eine Liste mit Unterschieden zwischen den Arbeitsbedingungen der Arbeitnehmer in Deutschland und in den Entwicklungsländern.

Rechnen: Wer verdient wie viel an meiner Kleidung?

Altersstufe: Klasse 7
Dauer: Ca. 30 min

Die Schüler/innen berechnen die genaue Preiszusammensetzung für die Kleidung, die sie aktuell tragen: Jeans, T-Shirt, Schuhe usw. Wie viel haben sie insgesamt ausgegeben und wie viel davon ging an die Arbeiter/innen? Wie viel hat der Einzelhändler verdient, wie viel wurde für Werbung und Verwaltung ausgegeben…

Grundlage ist die Aufteilung des Endverbraucherpreises am Beispiel einer Jeans, die in Osteuropa genäht wurde:

- 50% Einzelhandel und Mehrwertsteuer
- 25% Werbung und Verwaltung
- 13% Herstellungskosten und Gewinn
- 11% Transport und Steuern
- 1 % Löhne für die Näher/innen

Für Turnschuhe gilt:

- 33 % Markenfirma, davon
- 13,5 % Profit
- 11 % Forschung
- 8,5 % Werbung

- 30 % Einzelhandel
- 20 % Mehrwertsteuer

- 12 % Herstellungskosten, davon
- 2 % Produktionskosten
- 2 % Fabrikgewinn
- 8 % Material

- 5 % Transport und Steuern
- 0,4 % Löhne

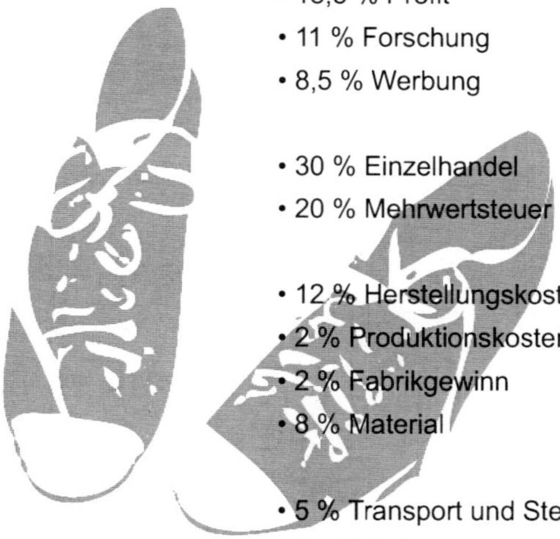

■ Quelle: Christliche Initiative Romero, Kampagne für „Saubere" Kleidung.

In Anschluss findet eine Diskussion über die Ergebnisse statt: Ist das eine faire Verteilung? Warum bzw. warum nicht?

Zur Vertiefung

- DGB Bildungswerk e.V. (2001): Multimedia – CD: Globalisierung
- Erklärung von Bern u.a. (Zürich 1995): Kleider, Mode, Märkte
- GMÖ / Südwind (2005): Der Stoff aus dem die Träume sind. Vom eigenen Kleiderschrank bis zur Näherin in der Weltmarktfabrik. Ein Beispiel für Globalisierung
- Kampagne für Saubere Kleidung (1997): Jugend, Kleidung, Mode – Vom Baumwollfeld zur Altkleiderkiste
- Kampagne für Saubere Kleidung / Christliche Initiative Romero (2004): Fit for Fair. Für bessere Arbeitsbedingungen in der Sportswearindustrie
- Karpinski, Dorothea / Mönning, Petra (Mülheim an der Ruhr, 2001): Baumwolle - Eine Aktivmappe
- Mönter, Burckhard / Pieper, Christiane (Luzern, 1999): Schau mal: Kleider, Kleider, Kleider
- Musiolek, Bettina (Hg. 1998): Ich bin chic und Du musst schuften. Frauenarbeit für den globalen Modemarkt
- Informationsmaterial der Kampagne für Saubere Kleidung (CCC)
- Südwind e.V. (1005): Nähen für den Weltmarkt. Frauenarbeit in Freien Exportzonen und der Schattenwirtschaft. Länderbeispiele China, Indonesien und Sri Lanka. Modemultis auf dem Prüfstand, Siegburg
- Terre des Femmes e.V. (2003): Mode, Macht & Frauenrechte, Schriftenreihe NEIN zu Gewalt an Frauen

Filme

- „GO FAIR" - Ein Film über Produktionsbedingungen in der Sportschuhindustrie (15 min, ab 11 Jahren)
- WDR-Kinderweltspiegel: Weltreise einer Jeans (44 min, ab 9 Jahre)
- Die Levi's Story (85 min, ab 13 Jahre)
- „Baumwolle im Zeichen der Globalisierung" (19 min, ab 11 Jahre)
- Wo kommen eigentlich die vielen bunten T-shirts her? (10 min, ab 8 Jahre)

(Bezugsmöglichkeiten siehe Literatur- und Medienhinweise)

Das Papiertütenspiel
- Kinderarbeit in Indien -

Mithilfe dieses Simulationsspiels können Kinder und Jugendliche eine Tätigkeit von Kinderarbeiter/innen kennen lernen und ein Gefühl für die schlechten Arbeitsbedingungen bekommen.

Zeit: 30 min
Material gebrauchte Zeitungen auf DIN A 4 zugeschnitten (ca. 20 Blatt je Teilnehmer/in), je ein Klebestift pro Teilnehmer/in, eine vorgefertigte Papiertüte zum Zeigen, Auswertungsbögen, Stifte, Trillerpfeife (Aufseher)

Ablauf

Die Teilnehmer/innen verteilen sich auf dem Boden oder an Tischen sitzend im Raum.
Bevor sie beginnen, als Kinderarbeiter in Indien Papiertüten zu produzieren, werden sie auf ihre Rolle eingestimmt:

„Du und deine Freunde, ihr lebt in einer kleinen Hütte in Kalkutta, einer Stadt in Indien. Die Hütte ist sehr klein, heiß, ohne richtige sanitäre Ausstattung. Ihr verdient euren Lebensunterhalt mit der Herstellung von Tüten aus Altpapier, die ihr einem Ladenbesitzer verkauft. Es kleben allerdings sehr viele Familien Tüten, der Wettbewerb zwischen euch ist hart.
Die Tüten werden durch Falten und Kleben hergestellt. Das Kleben von Papiertüten ist euer einziger Verdienst. Je mehr Tüten ihr schafft, umso mehr Geld bekommt ihr! Jede Tüte, die nicht normgerecht ist, weist der Ladenbesitzer zurück.
Eure Arbeit beginnt morgens um 7 Uhr und endet erst um 22 Uhr. Dazwischen habt ihr eine halte Stunde Mittagspause. Während der Arbeitszeit dürft ihr nicht miteinander sprechen."

Um dies zu überwachen, wird ein Aufseher bzw. Ladenbesitzer bestimmt, der für Ruhe sorgt und die Tüten kontrolliert. Diese Aufgabe kann von der Spielleitung übernommen werden.

Jede/r Teilnehmer/in erhält einen Klebestift und Zeitungsblätter und faltet zunächst unter Anleitung der Spielleitung eine Papiertüte. Die einzelnen Arbeitsschritte werden genau erklärt (siehe folgende Seite).

Wenn alle verstanden haben, wie eine Papiertüte entsteht, geht es los.

Der / die Aufseher/in gibt das Startsignal mit der Trillerpfeife. Die Kinder und Jugendlichen kleben ohne miteinander zu sprechen 20 Minuten selbständig so viele Papiertüten wie möglich.

Nach Ablauf der Zeit zählen sie die produzierten Papiertüten und errechnen mithilfe des Auswertungsbogens ihr Tagesgehalt. Außerdem stellen sie fest, was sie sich von ihrem Lohn kaufen könnten.

In einer anschließenden Diskussion wird gemeinsam überlegt:

- Ist der Lohn angemessen?
- Was macht einen „angemessenen" Lohn aus?
- Was passiert, wenn eines der Kinder krank wird?
- Haben die Kinderarbeiter eine Möglichkeit, zusätzlich zur Schule zu gehen?
- Welche Rolle hat der Ladenbesitzer?
- Was können wir gegen Kinderarbeit tun?

Hinweis
Das Spiel kann die wirkliche Lebenssituation natürlich nicht nachzeichnen. Es kann aber einen Zugang zu einigen Aspekten eröffnen und muss dann entsprechend nachbereitet werden. Hierfür kann zum Beispiel der Artikel „Kinderrechte stärken. Ein Ende der Kinderarbeit ist nicht in Sicht" dienen (terre des hommes / die zeitung, 4. Quartal 2006, S. 4; siehe Kopiervorlagen bzw. abrufbar unter: http://www.tdh.de/content/themen/schwerpunkte/kinderarbeit/materialien.htm).

Wie eine Papiertüte entsteht

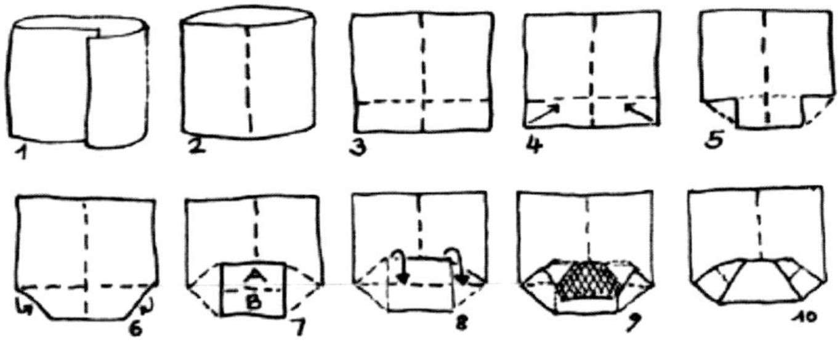

1. Falte beide Papierseiten zur Mitte, die eine Seite liegt auf der anderen auf.
2. Bestreiche einen Rand mit Klebstoff und klebe den überstehenden Rand fest.
3. Knicke das untere Ende ca. 5 cm um und falte es dann wieder auf.
4. Knicke die unteren Ecken anschließend bis zum Falz um.
5. Streiche die Kanten glatt und falte sie wieder auf.
6. Schlage die Ecken nach innen.
7. Jetzt hast Du eine Tüte mit zwei Klappen, A und B.
8. Schlage nun die Klappe A etwas über die Mittellinie.
9. Bestreiche das schraffierte Stück mit Klebstoff.
10. Knicke die untere Klappe B um, bis sie die Klebstoff-Fläche überdeckt und klebe sie fest.

Arbeitsblatt 13-3

Auswertungsbogen zum Papiertütenspiel

Name: ____

In **20 Minuten** wurden __________ Tüten geklebt.

Mögliche Anzahl von Tüten **in einer Stunde**: _____________ Tüten.

Mögliche Anzahl von Tüten an einem **Zehn-Stunden-Tag:**________Tüten.

Für 10 Tüten gibt es 1 Paisa.

Lohn an einem Zehn-Stunden-Tag: _________ Paisa. (100 Paisa = 12 Cent)

Was könntet ihr für euren Lohn in Kalkutta kaufen?

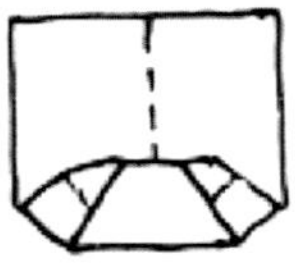

Preisliste

Lebensmittel	**Paisa**	**Sonstiges**	**Paisa**
1 kg Gemüse	200,-	Miete für eine Hütte im Monat	5000,-
½ kg Reis	150,-	Busfahrkarte in Kalkutta	30,-
1 Tasse Milch	50,-	1 Tageszeitung	50,-
1 kleine Tasse Tee	25,-	1 Decke	4000,-
1 ganzes Huhn	2000,-	Arztgebühr	400,-
1 Banane	17,-	1 Seife	250,-
Kleidung			
Hose	4000,-		
Hemd	3000,-		
Sandalen	1000,-		

Quellen: Oetringhausen, Hans-Martin (Berlin 1991): United Kids. Ein terre des hommes Buch, 55./ www.praxis-umweltbildung.de/kleidung_kldg_aktionen.php

„Die Jeans, die arm und reich macht"[1]

Spielsituation und Ziele

Die Mitspieler/innen schlüpfen in die Rolle wesentlicher Akteure im internationalen Textilhandel. Im Spiel wird der Weg der Jeans stark vereinfacht von der Herstellung bis zu den Verbraucher/innen nachvollzogen. Dabei soll deutlich werden, wer an den Jeans gewinnt und wer zu den Verlierern zählt. Außerdem werden Abhängigkeiten zwischen den Akteuren und Ansätze für Veränderungen aufgezeigt.

Voraussetzungen

Zahl der Spieler/innen:	Mindestens 12
Alter:	Ab ca. 14 Jahre
Spieldauer:	2 x 45 Minuten und Auswertung
Räumlichkeiten:	Ein großer Raum mit sieben einzeln aufgestellten Tischen / Tischgruppen

Der Raum muss vorbereitet werden, d.h. Tische und Stühle müssen aufgestellt und die entsprechenden Materialien sowie Geld nach den Anweisungen verteilt werden. Die Plätze der verschiedenen Akteure werden durch Schilder kenntlich gemacht.

Spielmaterial

- Kopien der Rollenanweisungen entsprechend der Anzahl der Teilnehmenden
- Näher/innen: Jeans-Ausschneidebögen, Scheren, Nadeln, Garn
- Geld (Kopien)
- Spielleitung: Stoppuhr, Glocke oder Wecker, Würfel
- Bekleidungsgeschäfte: Bunte Stifte, große Bögen Papier, evt. einen Klebestift
- Erdnüsse

Rollen

1. Verbraucher/innen (2 – 4 Personen)
2. Bekleidungsfirmen: German Business und Tex-Max international (1 – 4 Personen)
3. Bekleidungsgeschäftsinhaber/innen (1 – 4 Personen)
4. Fabrikbesitzer/innen in den „Freien Produktionszonen" (2 – 4 Personen)
5. Näher/innen (4 – 12 Personen)
6. Polizei (1 – 2 Personen)
7. Lebensmittelhändler/innen (1 – 2 Personen)
8. Spielleitung / WTO (1 – 2 Personen)

[1] Das hier abgewandelte Spiel wurde entnommen aus: Amt für Jugendarbeit der Evangelischen Kirche im Rheinland, BDKJ im Bistum Trier u.a. (1997): **Die Weltweite Textilbranche. Jugend, Kleidung, Mode - vom Baumwollfeld zur Altkleiderkiste.** Arbeitshilfe für die Jugendarbeit als Beitrag zur Kampagne für saubere Kleidung (CCC).

Spielablauf

Vorbemerkung:

Die Spielleitung ist zugleich die WTO (Welthandelsordnung). Sie ist für den geregelten Spielablauf zuständig und sollte deshalb von der Lehrkraft besetzt werden. Sie führt in das Spiel ein, stoppt die Zeit und gibt während der Spielpausen die Veränderungen / Ereignisse im Weltmarktgeschehen bekannt.

1. Die Spielleitung gibt die **Rollenkarten** (s.u.) aus und gibt fünf bis zehn Minuten Lesezeit. Die Mitspieler/innen sollen leise lesen, anschließend besteht die Gelegenheit Verständnisfragen zu stellen.
Wichtig ist, darauf hinzuweisen, dass die Mitspielenden versuchen sollen, sich in die Rolle hineinzudenken. Es soll so gespielt werden, wie es den Möglichkeiten der jeweiligen Rolle entspricht.

Zur Erarbeitung der eigenen Rolle sind folgende Fragen hilfreich:

- Welche Aufgabe hat die Person im Produktionsweg der Kleidung?
- Welche Interessen hat die Person?
- Welche Veränderungsmöglichkeiten lässt die Rolle zu?
- Welche Macht und Machtmittel hat die Person bzw. die Gruppe?
- Mit wem arbeitet die Person / Gruppe zusammen?
- Von wem ist sie abhängig?

2. Zu den **Spielrunden** (Zu Beginn von der Spielleitung zu erklären):

Gespielt wird in einzelnen Spielrunden von jeweils 6 Minuten, in denen produziert und gehandelt wird.

Eine Spielrunde symbolisiert einen Arbeitstag, dessen Anfang und Ende durch einen Wecker oder eine Glocke eingeläutet wird.
In den dazwischen liegenden Spielpausen erhalten die Näher/innen von den Fabrikbesitzern /-besitzerinnen ihren Lohn. Alle Rollen – außer Spielleitung / WTO, Polizei und Lebensmittelhändler – müssen in jeder Runde oder der anschließenden Pause Lebensmittel kaufen.

Die Preise / Löhne sind zu Beginn des Spiels festgesetzt, können aber während des Spiels durch die handelnden Gruppen neu ausgehandelt oder durch bestimmte Ereigniskarten, die die Spielleitung zieht, verändert werden.

Die Spielleitung zieht ab der 3. Runde während der Pausen Ereigniskarten, die von den betreffenden Rollen umgesetzt werden müssen.
Es sollten mind. 8 Spielrunden gespielt werden.

3. **Auswertung**

Nach der Spielphase findet ein Auswertungsgespräch statt. Hierbei sollten folgende Aspekte berücksichtigt werden:

- Die Gefühle der Mitspieler/innen in ihren Rollen
- Der Spielverlauf
- Wer hat wie viel Geld zum Schluss, wer ist also Gewinner, wer hat verloren?
- Inwiefern ist das Spiel realistisch?
- Hätten die Mitspielenden etwas verändern können?

Wichtig:
Das Spiel sollte nicht für sich allein verwendet werden, eine inhaltliche Nachbereitung ist unabdingbar.

Die Rollen

Verbraucher/innen (2 – 4 Personen)

Ihr kauft den Bekleidungsgeschäften Jeans ab. Dabei könnt ihr euch von verschiedenen Kriterien leiten lassen: Aussehen, Qualität, Preis, Modell,...

Ihr müsst pro Spielrunde mindestens eine Jeans kaufen und bekommt dafür von der Bank pro Spielrunde 200 Pesos. Die erste Jeans kostet euch 120 Pesos. In den nächsten Runden dürft ihr mit den Geschäften verhandeln. Euer Ziel ist es, möglichst viele Jeans zu haben. Außerdem habt ihr Wünsche und Forderungen hinsichtlich der Preise, der Qualität, des Aussehens,..., die ihr an die Geschäftsinhaber/innen richtet.

Ihr zahlt pro Spielrunde 20 Pesos für euren Lebensunterhalt an den Lebensmittelhändler.

German Business und Tex-Max international (1 -4 Personen)

Ihr kauft die Waren (Jeans) bei den Fabriken.

Die Jeans in den ersten zwei Runden kauft ihr für 20 Pesos, danach kann der Preis verhandelt werden. Ihr verkauft die Jeans an die Bekleidungsgeschäfte in den ersten zwei Runden für 80 Pesos, danach ist der Preis frei, das heißt ihr müsst verhandeln.

Euer Ziel ist es, möglichst viel Gewinn zu machen, d.h. die Jeans möglichst günstig einzukaufen und möglichst teuer weiter zu verkaufen.
Gelegentlich erarbeitet ihr neue Modetrends und Veränderungen, die ihr bei den Fabrikbesitzern in Auftrag gebt und den Verkäufer/innen anbietet.

Pro Tag müsst ihr 20 Pesos für euren Lebensunterhalt bezahlen. Der Rest ist Gewinn. Zu Beginn erhaltet ihr von der Spielleitung 100 Pesos.

Bekleidungsgeschäftsbesitzer/innen (1 - 4 Personen)

Ihr kauft die Jeans von German Business / Tex-Max international und verkauft die fertigen Jeans an die Verbraucher/innen. Ihr müsst während der ersten Spielrunde mindestens 1 Jeans kaufen.

Diese kostet in der ersten Spielrunde 80 Pesos. Danach könnt ihr mit German Business / Tex-Max international verhandeln.

Die erste Jeans verkauft ihr an die Verbraucher/innen für 120 Pesos. Danach ist der Preis verhandelbar. Euer Ziel ist es, möglichst viel Gewinn zu machen, d.h. die Jeans möglichst günstig einzukaufen und möglichst teuer weiter zu verkaufen.
Es kann sein, dass sich die Verbraucher/innen mit Wünschen und Forderungen (z.B. hinsichtlich der Qualität, des Preises,...) an euch richten, die ihr an German Business weiter leitet, getreu dem Motto „Der Kunde ist König".
Für euer Geschäft bzw. eure Jeans macht ihr Werbung in Form von Plakaten, denn die Kunden sollen ja schließlich bei euch einkaufen.

Pro Tag müsst ihr 20 Pesos für euren Lebensunterhalt bezahlen. Der Rest ist Gewinn. Zu Beginn erhaltet ihr von der Spielleitung 150 Pesos.

Fabrikbesitzer/innen (2 – 4 Personen)

Ihr beaufsichtigt die Näher/innen eurer Fabriken, die aus vorgegebenen Schnittbögen Jeanshosen herstellen. Pro Jeans haben die Näher/innen maximal 6 Minuten Zeit. Jede Jeans benötigt mindestens 10 Stiche Außennaht und 5 Stiche Innennaht.
Die fertigen Jeans verkauft ihr an „German Business" oder Tex-Max international, zwei deutsche Firmen. Ziel ist es, möglichst hohen Profit zu machen, d.h. möglichst niedrige Löhne zu zahlen und hohe Verkaufspreise zu erzielen.

Am Anfang erhalten die Näher/innen 6 Pesos pro fertige Jeans.
Nach der 2. Spielrunde können die Lohnkosten der Näher/innen gedrückt werden, z.B. weil die Qualität der Jeans nicht gut ist (Anzahl der Stiche).

Für die erste Jeans erhaltet ihr 20 Pesos von German Business / Tex-Max international, danach könnt ihr über den Preis verhandeln.

Die Fabrikbesitzer/innen stehen in Konkurrenz zueinander, ihr wollt alle möglichst viel Geld verdienen.

Für euren Lebensunterhalt müsst ihr jeweils 8 Pesos pro Runde an den Lebensmittelhändler bezahlen. Der Rest ist Gewinn.
Zu Beginn erhaltet ihr pro Näher/in, die bei euch arbeitet, 10 Pesos.

Arbeitsblatt 14-6

Näher/innen (je Fabrik 2 – 3 Näher/innen)

Ihr habt die Aufgabe, aus vorgegebenen Schnittbögen Vorder- und Hinterteil der Jeans auszuschneiden und mit Nadel und Faden zusammen zu nähen.

Die Außennaht soll mit 10 Stichen und die Innennaht mit 5 Stichen zusammengenäht werden. Dafür habt ihr <u>pro Jeans maximal 6 Minuten Zeit</u>.

Für jede fertige Jeans bekommt ihr in den ersten beiden Spielrunden 6 Pesos Lohn von eurem Fabrikbesitzer ausgezahlt. Danach hängt der Lohn von der Qualität eurer Arbeit ab. Pro Runde müsst ihr 4 Pesos für Lebensmittel an den Lebensmittelhändler bezahlen. Außerdem benötigt ihr Rücklagen für Kleidung, Miete und unvorhersehbare Ereignisse.

Polizei (1 - 2 Personen)

Eure Aufgabe ist es, die Einhaltung der Regeln zu überwachen, so dass in den Pausen nicht weiter produziert wird und jede/r Lebensmittel einkauft.

Ihr dürft Strafen verhängen, z.B. 1 Runde Gefängnis oder die Zahlung einer Geldsumme, seid aber auch bestechlich.

Lebensmittelhändler (1 – 2 Personen)

Ihr verkauft Lebensmittel (Erdnüsse). Alle, außer der Polizei und der Spielleitung / WTO, müssen bei euch in jeder Pause oder während der Spielrunden einkaufen.

Zu Spielbeginn und in der Regel kostet 1 Erdnuss 4 Pesos; Änderungen ergeben sich aufgrund von Ereignissen.

Arbeitsblatt 14-7

Ereigniskarten

Aufgrund hoher Arbeitslosigkeit werden in Deutschland nicht mehr so viele Jeans gekauft. Die Verbraucher/innen erhalten in der nächsten Runde lediglich 100 Pesos. Die Fabrikbesitzer/innen bleiben auf ihren Waren sitzen, German Business kauft keine oder nur sehr günstige Hosen.

Streik: Die Näher/innen in einer Fabrik legen in der nächsten Runde die Arbeit nieder und streiken für bessere Arbeitsbedingungen und höhere Löhne. Sie produzieren daher keine Hosen, bekommen aber auch keinen Lohn. Welche Fabrik bestreikt wird, wird von den Fabrikbesitzern ausgewürfelt. Die Näher/innen der Fabrik mit der niedrigsten Zahl legen die Arbeit nieder.

Alle Näher/innen würfeln. Die Näherin mit der höchsten Zahl ist schwanger. Sie kann in der nächsten Runde nicht weiter nähen und erhält keinen Lohn.

Karte gilt erst ab der 6. Runde!
Die Kampagne für Saubere Kleidung macht in Deutschland auf die Situation in den Weltmarktfabriken aufmerksam. In der nächsten Runde kaufen die Verbraucher/innen keine Jeans und verlangen bessere Arbeitsbedingungen für die Näher/innen. In der übernächsten Runde kauft German Business nur noch von solchen Fabriken Jeans, die die Mindeststandards der ILO (International Labour Organisation) erfüllen. Die Näher/innen erhalten deshalb dauerhaft 2 Pesos mehr und müssen weniger arbeiten (2 Stiche weniger).

Aufgrund eines Stromausfalls kommt es in den Fabriken in der nächsten Runde zu einem Produktionsstopp. Es werden keine Löhne gezahlt.

In China wurden neue Textilfirmen gegründet. Die Konkurrenz zwischen den Fabriken macht sich bemerkbar. Wer in dieser Runde am wenigsten Geld hat, muss Konkurs anmelden und seine Fabrik schließen. Ein anderer Besitzer kann die Näher/innen (und den nun besitzlosen Fabrikbesitzer) zu seinen Bedingungen einstellen und weiterproduzieren.

Die Verbraucher/innen wollen komplett neue Modetrends. Die Bekleidungsgeschäfte müssen in der nächsten Runde ihre Restbestände „verschleudern“, da sie sonst auf ihnen sitzen bleiben. Die Verbraucher/innen müssen in dieser Runde keine Jeans kaufen.

Die Lebensmittelpreise haben sich erhöht, da es im vergangenen Sommer eine Dürre gab. Alle müssen in den nächsten zwei Runden 1 Peso mehr für ihren Einkauf bezahlen.

Der deutsche Staat verlangt in der nächsten Runde eine neue Abgabe in Höhe von 20 Peso auf nach Deutschland importierte Jeanshosen. Diese müssen German Business / Tex-Max international an die Spielleitung zahlen.

Rohbaumwolle ist teurer geworden. Die Fabrikbesitzer müssen in der nächsten Runde pro hergestellte Jeans 1 Peso an die Spielleitung zahlen.

Arbeitsblatt 14-9

Das Kind einer Näher/in ist krank geworden. Die Arztrechnung kostet die / den Näher/in, die die niedrigste Zahl würfelt, 5 Pesos. Wenn diese das Geld nicht hat, muss sie es sich von anderen Näher/innen oder vom Fabrikbesitzer leihen und innerhalb der nächsten zwei Runden zurückzahlen.

Die Näher/innen bilden eine Gewerkschaft. Die Fabrikbesitzer beschließen den Anführer/innen (in jeder Fabrik eine/r, den sie bestimmen), in der nächsten Runde keinen Lohn zu zahlen. Die anderen Näher/innen unterstützen den / die Betroffene.

Die Gewerkschaft der Näher/innen einer Fabrik konnte höhere Löhne durchsetzen. Die Näher/innen, deren Fabrikbesitzer/in die höchste Zahl würfelt, erhalten von jetzt ab 1 Peso mehr.

Die Mehrwertsteuer wurde gesenkt und die Löhne angehoben. Die deutschen Verbraucher/innen kaufen in der nächsten Runde mindestens zwei Jeans zu einem Preis von jeweils 120 Pesos.

German Business konnte den zurzeit bekanntesten Fußballspieler für die Werbung gewinnen. Das kostet! Das Unternehmen muss (insgesamt) 300 Pesos an die Spielleitung zahlen. Das Geld versucht German Business in der nächsten Runde wieder hereinzuholen....

Arbeitsblatt 14-10

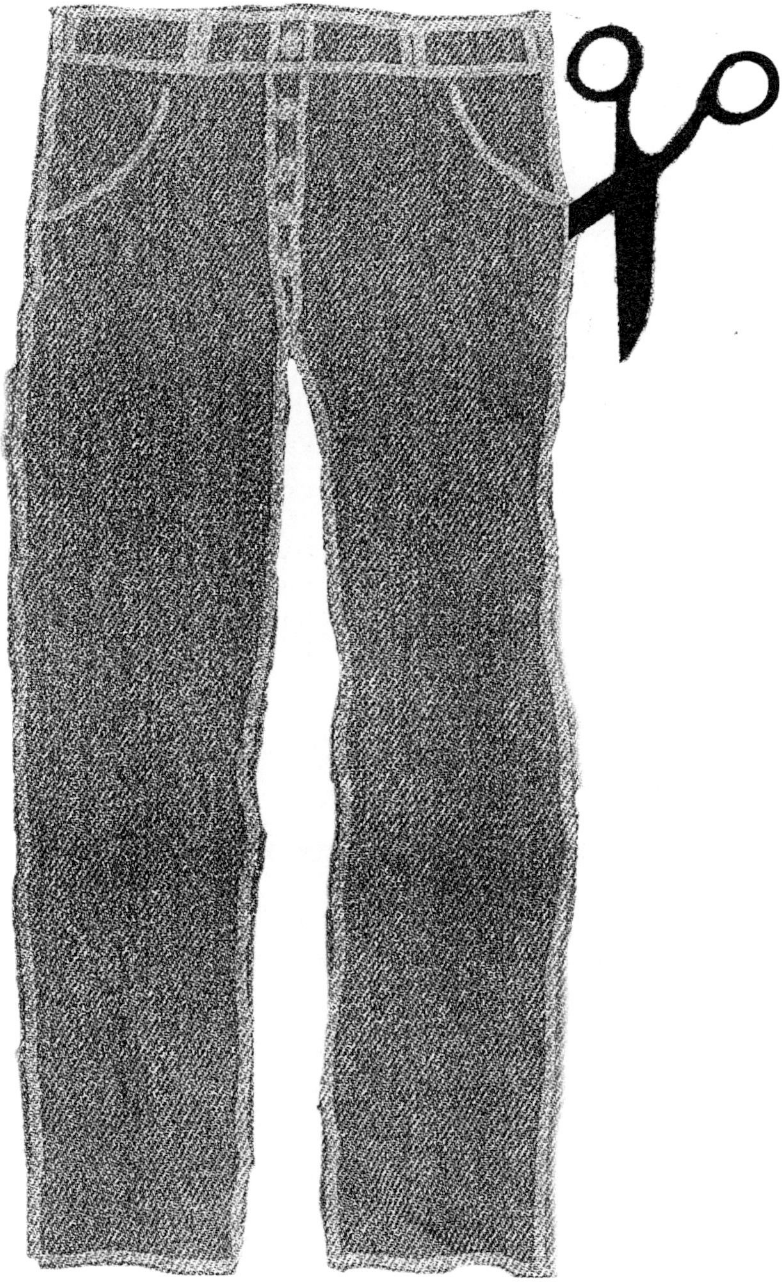

Arbeitsblatt 14-11

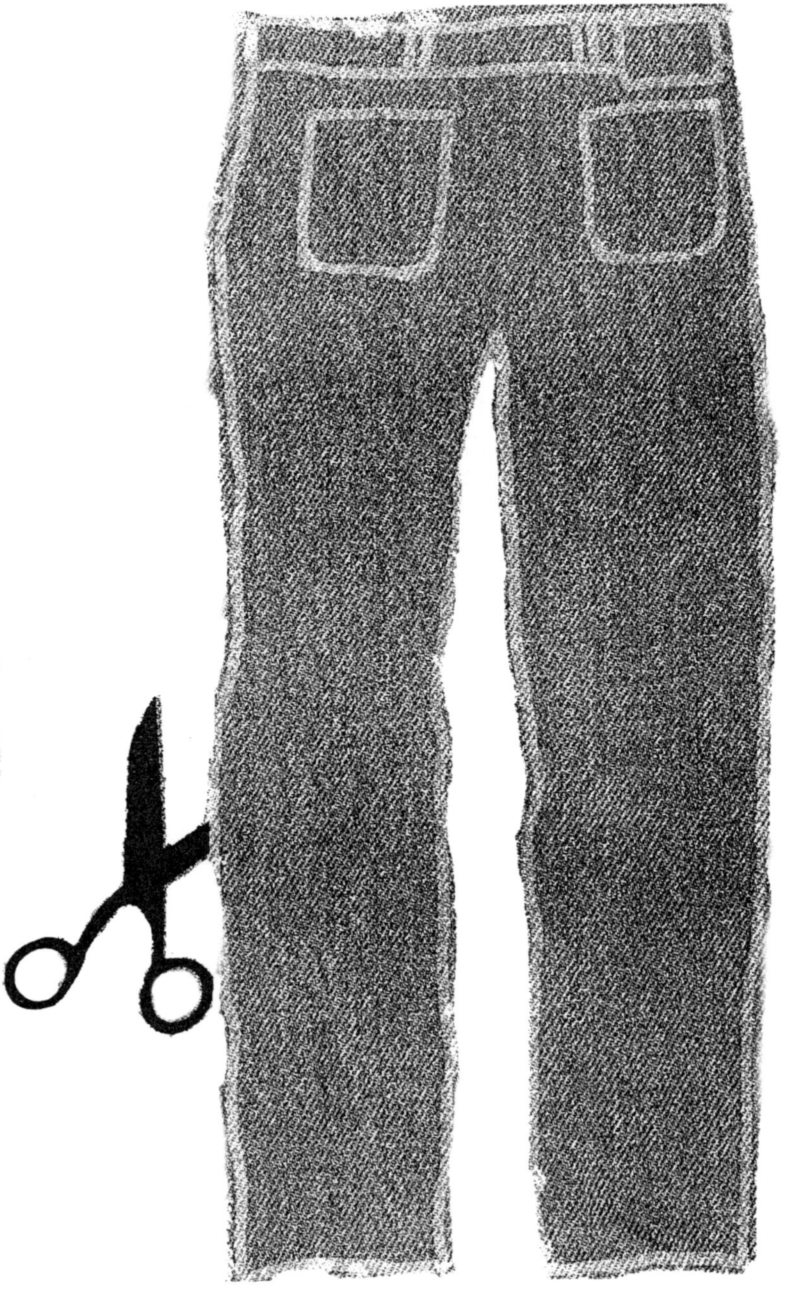

■ Arbeitsblatt 14-12

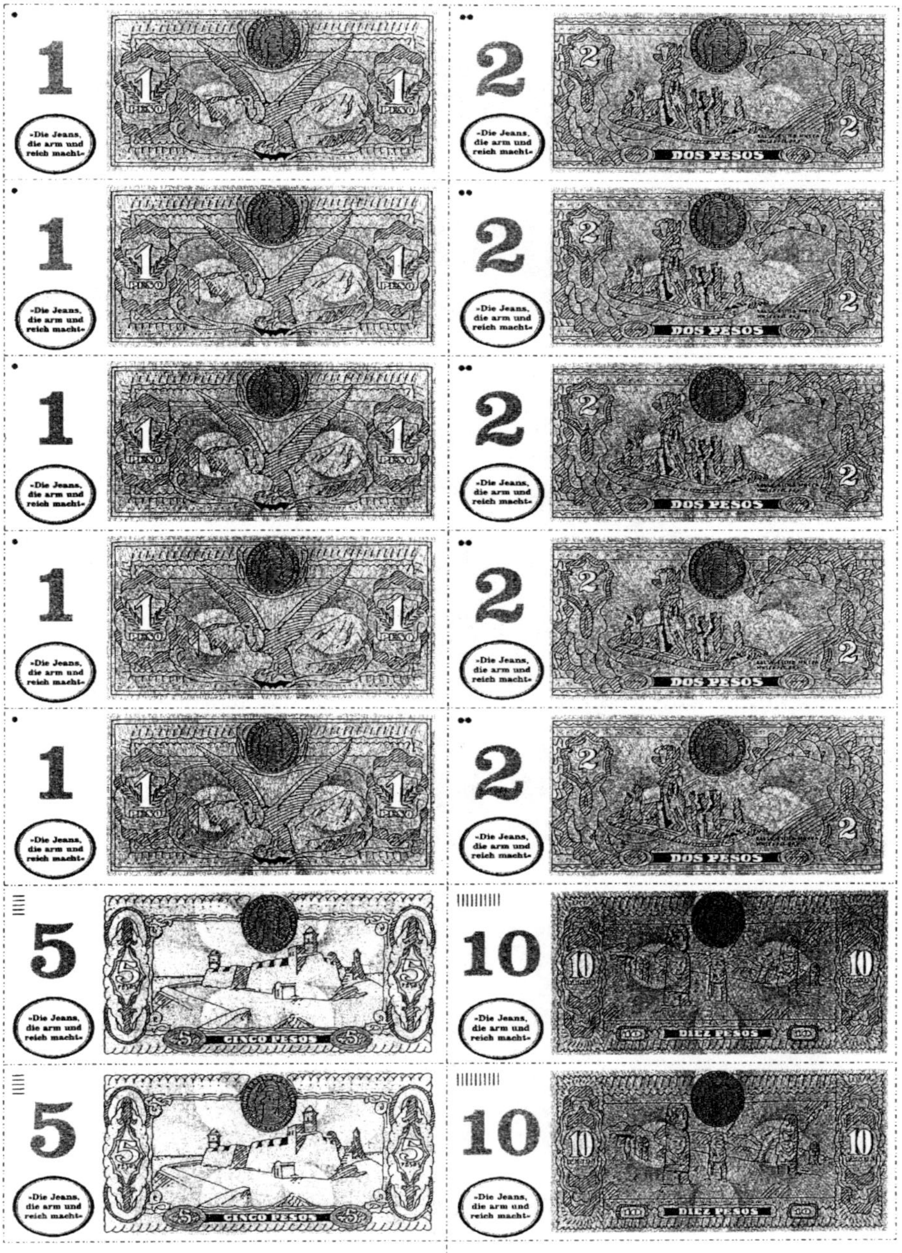

KINDERARBEIT MACHT SINN
KINDERARBEIT MUSS ABGESCHAFFT WERDEN
Arbeitende Kinder erwerben viel mehr praktische Fähigkeiten in sechs Monaten am Webstuhl als in sechs Jahren in der Schule.
Arbeitende Kinder tragen wesentlich zur Absicherung der Familie bei und heben ihren Lebensstandard.
Die Schulfächer haben wenig Bezug zum Alltag der Kinder, die in Armut leben.
Ein Verbot von Kinderarbeit treibt Kinder in noch gefährlichere Formen von Arbeit.
Über Tausende von Jahren haben Kinder Seite an Seite mit ihren Eltern in den Dörfern gearbeitet. Kinderarbeit ist nur eine Fortsetzung dieser Tradition.
Die Wirtschaft bricht zusammen, wenn alle Kinder vom Arbeitsmarkt abgezogen werden.
Kinderarbeit setzt den Teufelskreis von Armut und Unwissen fort. Schule ist der Schlüssel für die Beseitigung von Armut und die Wahrnehmung der Bürgerrechte.
Wenn eine Gesellschaft Kinderarbeit akzeptiert, dann gibt es sie auch. Europa hat Kinderarbeit abgeschafft, indem es die allgemeine Schulpflicht durchgesetzt hat. Warum kann die "Dritte Welt" dies nicht auch tun?
Kinderarbeit existiert, weil Menschen in den entwickelten Ländern keine höheren Preise für ihre Sportartikel zahlen wollen.
Kinderarbeit ist nicht nur eine Frage der Armut. Eine große Anzahl von Faktoren wie Tradition, Unwissenheit der Eltern, fehlende Alternativen, rücksichtslose Behörden etc. und nicht allein Armut bestimmen die Entscheidung einer Familie, ob sie ein Kind zur Arbeit oder in die Schule schickt.
Kinderarbeit existiert dort, wo das Bildungssystem signalisiert, dass es kein Interesse an armen Kindern hat.
Alle Argumente für Kinderarbeit richten sich gegen Kinder und ihre Entwicklung.
83 Länder sind auf dem Weg, den Aktionsplan „Grundbildung für Alle" bis zum Jahr 2015 zu verwirklichen. Bei der derzeitigen Entwicklung werden jedoch 70 weitere Länder - immerhin ein Drittel der Weltbevölkerung - dieses Ziel nicht erreichen.
In den neunziger Jahren hat die Einschulungsrate von Mädchen in allen Regionen zugenommen. Dennoch machen Mädchen immer noch 60% aller Kinder aus, die nicht zur Schule gehen.
186 Millionen arbeitende Kinder sind jünger als 15 Jahre.
113 Millionen Kinder haben keinen Zugang zu Grundbildung. Weitere 150 Millionen Kinder verlassen die Schule wieder, bevor sie lesen oder schreiben können.
Viele schwarzafrikanische Staaten geben für Grundbildung weniger als die Hälfte des Betrages aus, den sie für Schuldentilgung aufwenden.
Die Entwicklungshilfeausgaben für Bildung sind in den letzten 10 Jahren um 16% zurückgegangen.
SCHULE STATT SCHUFTEN
...EINEN BERG BEZWINGEN

■ Arbeitsblatt 16

»Wir, die Kinderarbeiter der Welt«

Auch die arbeitenden Kinder haben ihre Forderungen formuliert. In den letzten Jahren hat es verschiedene Treffen von arbeitenden Kindern auf nationaler und internationaler Ebene gegeben. Wir dokumentieren nachfolgend exemplarisch die Erklärung des »Ersten Internationalen Treffens von Kinderarbeitern aus Afrika, Asien und Lateinamerika« in Kundapur/ Indien im Dezember 1996.

- Wir wollen, dass unsere Probleme, unsere Vorschläge, Bemühungen und Aktivitäten beachtet und anerkannt werden.
- Wir sind gegen den Boykott von Waren, die von Kindern hergestellt wurden.
- Wir wollen Respekt und Sicherheit für uns und die Arbeit, die wir leisten.
- Wir wollen Unterricht, in dem wir etwas über unsere Situation und für unser Leben lernen.
- Wir wollen eine Berufsausbildung, die unseren Fähigkeiten und unserer Lebenssituation entspricht.
- Wir wollen eine gute Gesundheitsversorgung, die für arbeitende Kinder zugänglich ist.
- Wir wollen bei allen Entscheidungen gefragt werden, die uns betreffen, egal ob diese Entscheidungen in unseren Städten und Dörfern, unseren Ländern oder international getroffen werden.
- Wir wollen, dass die Ursachen für Kinderarbeit, vor allem die Armut, benannt und bekämpft werden.
- Wir wollen, dass auf dem Land Lebensmöglichkeiten erhalten oder geschaffen werden, so dass Kinder nicht in Städte abwandern müssen.
- Wir sind gegen ausbeuterische Arbeit, wir wollen in Würde arbeiten und Zeit zum Lernen, Spielen und Ausruhen haben.
- Wir wollen, dass Kinderarbeiter auf den großen Konferenzen gehört werden. Wenn 20 Minister zu einer Konferenz kommen, dann sollen auch 20 Kinderarbeiter da sein. Wir wollen mit den Ministern diskutieren, sie sollen nicht über unsere Köpfe hinweg über uns reden.

Quelle:
http://www.tdh.de/content/themen/schwerpunkte/kinderarbeit/forderungen.htm

terre des hommes

Übereinkommen über die Rechte des Kindes der Vereinten Nationen (Kinderrechtskonvention von 1989), Artikel 32:

»(1) Die Vertragsstaaten erkennen das Recht des Kindes an, vor wirtschaftlicher Ausbeutung geschützt und nicht zu einer Arbeit herangezogen zu werden, die Gefahren mit sich bringen, die Erziehung des Kindes behindern oder die Gesundheit des Kindes oder seine körperliche, geistige, seelische, sittliche oder soziale Entwicklung schädigen können.«

Quelle:
http://www.tdh.de/content/themen/schwerpunkte/kinderarbeit/forderungen.htm

Kinderrechte stärken

Das Ende der Kinderarbeit ist nicht in Sicht

Pandiarajan schmerzt der Rücken, nervös flackern seine Augenlider. Die Strapazen der Arbeit und die Schmerzen lassen ihn nachts nicht schlafen. Seit drei Jahren arbeitet er in einer Textilfabrik im indischen Tirupur. An seiner Maschine näht der 14-Jährige Unterhosen für eine indische Kaufhauskette. Die stickige Luft und der Lärm der Maschinen sind unerträglich.

Zwölf Stunden schuftet Pandiarajan jeden Tag; nur eine Stunde Pause hat der Junge. Doch Pandiarajan beklagt sich nicht, denn mit umgerechnet 70 Cent pro Tag verdient er hier mehr als andere arbeitende Kinder in Hotels oder in der Landwirtschaft.

Wie Pandiarajan müssen weltweit Millionen Kinder arbeiten. In Asien, Afrika und Lateinamerika gibt es kaum eine Tätigkeit, die nicht auch von Kindern verrichtet wird. Die meisten Kinder arbeiten im so genannten informellen Sektor, also dort, wo es weder Verträge noch Sozialleistungen gibt: Sie arbeiten mit ihren Eltern in der

INDIEN

Pandiarajan
Geschlecht: männlich
Alter: 14 Jahre
Arbeitsplatz: Textilfabrik
Ort: Tirupur, Indien
Monatslohn: 1.200 Rupien (21 €)
Arbeitszeit: 12 Stunden/Tag

Landwirtschaft, sie verdingen sich auf den Straßen der großen Städte als Schuhputzer, Zeitungsverkäufer oder Lastenträger. Kinder sind aber auch in Steinbrüchen, Teppichmanufakturen oder auf Plantagen tätig, die Waren für den Export produzieren.

Diskriminierung und Ausbeutung

Armut ist die Hauptursache dafür, dass Kinder arbeiten müssen. Doch der Begriff zeigt nur unscharf die Gründe, die sich hinter dem Phänomen verbergen. Es sind verschiedene politische, ökonomische und kulturelle Faktoren, die erst in ihrem Zusammenwirken zu Armut – und damit zu Kinderarbeit und Ausbeutung – führen.

Ein Beispiel dafür sind die Mitglieder der Dalit- und Adivasi-Familien in Indien. Sie gehören trotz anders lautender Gesetze als so genannte »Unberührbare« zu den Rechtlosen im indischen Kastenwesen. Sie dürfen nur schmutzige und minderwertige Arbeiten erledigen. Kinder der Unberührbaren gehen nur selten in die Schule. Da das Ansehen einer Person in Indien aber vom Bildungsstatus abhängt, schließt sich häufig der Teufelskreis: Weil die Unberührbaren arm sind, besuchen ihre Kinder keine Schule. Und weil sie keine Ausbildung haben, gibt es für sie keine Möglichkeit, die Grenzen des Kastensystems zu überwinden.

Im südlichen Afrika steigt die Zahl der Kinderarbeiter auf Grund von AIDS. Kinder müssen immer häufiger das Überleben ihrer Geschwister oder kranken Eltern sichern. Kriege zerstören in vielen Ländern die Lebensgrundlage der Menschen. Kinderarbeit ist auch hier oft die einzige Möglichkeit, die Existenz der Familie zu sichern.

KINDERARBEIT WELTWEIT

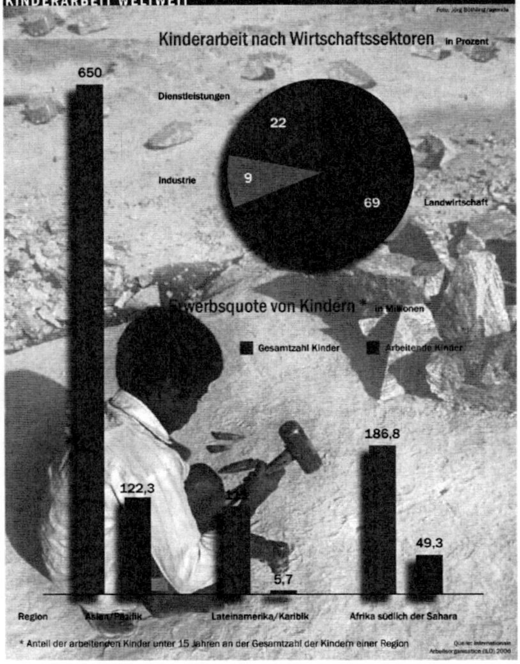

* Anteil der arbeitenden Kinder unter 15 Jahren an der Gesamtzahl der Kindern einer Region

Quelle: Internationale Arbeitsorganisation (ILO) 2006

Auch ungerechte Weltmarktstrukturen führen zu Armut. Sinkende Weltmarktpreise für landwirtschaftliche Produkte bringen kleinbäuerliche Familien an den Rand ihrer Existenz. Immer mehr Kinderhände müssen dann helfen, die ohnehin kargen Erträge zu sichern. Unter dem Kostendruck einer wachsenden Konkurrenz stellen Unternehmen, zum Beispiel in der Textilindustrie, vermehrt Kinder ein, die für einen Hungerlohn arbeiten, während ihre Eltern arbeitslos werden.

Typisch Mädchen

Ob Kinder arbeiten müssen und welche Tätigkeit sie ausüben, ist auch eine Frage der Geschlechtszugehörigkeit. Odile stammt aus dem kleinen Ort Dédougou im Nordosten Burkina Fasos. Weil das Geld für eine weiterführende Schule fehlte, bekam Odile auf Vermittlung ihrer Tante einen Job als Hausmädchen in der Hauptstadt Ouagadougou. Für viele Mädchen in Westafrika ist dieser Beruf die einzige Chance auf einen kleinen Verdienst. Putzen, kochen, die kleinen Kinder versorgen, Wäsche waschen, einkaufen – all dies zählt von morgens früh bis abends spät zu Odiles Aufgaben. Den knappen Lohn überweist sie an ihre Tante, die das Geld für sie verwalten soll. Viele gleichaltrige

BURKINA FASO

Odile
Geschlecht: weiblich
Alter: 16 Jahre
Arbeitsplatz: Hausmädchen
Ort: Ouagadougou, Burkina Faso
Monatslohn: ca. 5.000 CFA (7,50 €)
Arbeitszeit: unbegrenzt

Dienstmädchen in Burkina Faso sehen für ihre Plackerei gar keinen Lohn. Hinzu kommen nicht selten Schikanen, Schläge oder sexuelle Belästigungen durch ihre Dienstherren.

Arbeit ist nicht gleich Arbeit

Nicht jede Arbeit ist gefährlich und nicht jede Form der Kinderarbeit muss verboten werden. So findet es der kleine Lucero völlig in Ordnung, seinen Eltern auf dem Feld zu helfen. Zeit zum Spielen bleibt genug. Schon früher, so erzählt er, habe er mit seinen Geschwistern die Schweine zum Weiden getrieben. Die Mitarbeit von Kindern ist in vielen Kulturkreisen Teil des Erwachsenwerdens und Hineinwachsens in die Dorfgemeinschaft. Durch die Arbeit sollen das Verantwortungsgefühl und das Selbstbewusstsein gestärkt werden.

PERU

Lucero
Geschlecht: männlich
Alter: 12 Jahre
Arbeitsplatz: Landwirtschaft
Ort: Ulmay, Peru
Monatslohn: keiner
Arbeitszeit: nach Bedarf

Was ist Ausbeutung?

In zwei Vertragswerken wurde auf internationaler Ebene festgeschrieben, wie Kinder vor Ausbeutung geschützt werden sollen: Die Kinderrechtskonvention der Vereinten Nationen betont das Recht des Kindes auf körperliche, seelische und soziale Entwicklung. Mit der Konvention 182 gegen die schlimmsten Formen der Kinderarbeit hat die Internationale Arbeitsorganisation (ILO) darüber hinaus eine Definition des Begriffs Ausbeutung vorgelegt. Als ausbeuterische Kinderarbeit gilt:

- Sklaverei, Zwangsarbeit und die Zwangsrekrutierung von Kindern
- Kinderprostitution und die Produktion von Kinderpornographie
- Einsatz von Kindern im organisierten Verbrechen und Drogenhandel
- Arbeiten, die die Gesundheit, Sicherheit und die Sittlichkeit von Kindern gefährden.

Die Konvention wurde bisher von mehr als 160 Vertragsstaaten ratifiziert. Mittlerweile haben viele Länder mit Unterstützung der ILO nationale Aktionsprogramme zur Bekämpfung ausbeuterischer Kinderarbeit aufgelegt. Ist also ein Ende der Kinderarbeit in Sicht?

Das behauptet jedenfalls die ILO in ihrem neuesten Bericht unter dem Titel »Das Ende der Kinderarbeit – zum Greifen nah«. Zwischen 2000 und 2004, so die Studie, sei die Anzahl arbeitender Kinder von 246 auf 217 Millionen gesunken. Erfolge seien besonders im Kampf gegen die schlimmsten Formen der Ausbeutung, wie Sklaverei, Prostitution und gefährliche Arbeit, erreicht worden. In den letzten Jahren sei die Zahl ausgebeuteter Kinder von 170 Millionen auf 126 Millionen gesunken.

Der Widerspruch ließ nicht lange auf sich warten. terre des hommes-Projektpartner kritisierten die optimistische Einschätzung, weil Regionalstudien in ihren Ländern genau das Gegenteil belegten. Der »Erfolg«, so eine weitere Kritik, sei lediglich das Ergebnis veränderter Erhebungsmethoden, die Bewertungskriterien und Schlussfolgerungen deshalb nicht plausibel. Der Bericht beleuchte außerdem zu wenig die Auswirkungen der Globalisierung und Handelsliberalisierung auf Kinderarbeit. Doch immerhin, so die Kritiker, nehme der ILO-Bericht erstmals die Forderung von Nichtregierungsorganisationen auf, Kinder direkt an der Überwindung von Ausbeutung zu beteiligten.

Was tun?

terre des hommes plädiert dafür, die Kinderarbeit nicht generell zu bekämpfen, wohl aber jede Form der Ausbeutung von Kindern. terre des hommes setzt sich dafür ein, Kinder aus der Zwangarbeit zu befreien und arbeitenden Kindern einen Schulbesuch und eine Ausbildung zu ermöglichen. Gefördert wird auch die Selbstorganisation arbeitender Kinder, die für bessere Arbeitsbedingungen und das Recht auf Gesundheit kämpfen.

Ein Ende der Kinderarbeit ist zwar noch lange nicht in Sicht. Doch wenn das Recht auf Bildung für arbeitende Kinder durchgesetzt wird, so wäre damit bereits ein wichtiger Schritt gegen Ausbeutung getan.

Michael Heuer

Aus der Mode und weg damit! Was passiert mit unseren Altkleidern?

Den Typ verändern, mal etwas Neues ausprobieren oder einfach nur „up to date“ sein – neue Kleidung hebt das Selbstwertgefühl und macht Spaß.

Doch spätestens nach drei Wochen gilt das ursprünglich neue Kleidungsstück nicht mehr als neu. Und dann?

„Wenn ich den Pulli nicht mehr anziehe, kann sich wenigstens jemand darüber freuen, der nichts zum Anziehen hat.“ Mit dieser Begründung geben viele ihre aussortierte Kleidung in die Altkleidersammlung.

Altkleidersammlung

Exakte Zahlen darüber, wie viele Kleider jedes Jahr ausrangiert werden, gibt es nicht. Schätzungen zufolge werden in Deutschland jedes Jahr ca. 600.000 Tonnen Textilien in Altkleidersammlungen gegeben. Etwa 35 bis 40 Prozent davon sind noch tragbare Kleidung, das sind mindestens 300 Millionen einzelne Kleidungsstücke. Die Erwartung vieler Verbraucher/innen, dass die gesamte noch tragbare Kleidung an Bedürftige bei uns weitergegeben wird, ist angesichts dieser enormen Menge völlig unrealistisch. Auch dass jedes gespendete Teil kostenlos weitergegeben wird, entspricht nicht der Realität.

Schon lange wird der Großteil der in Containern oder Straßensammlungen erfassten Gebrauchtkleider kommerziell vermarktet. Auch gemeinnützige Organisationen verkaufen ihre Sammelware an gewerbliche Unternehmen. Diese sortieren das Sammelgut selbst oder verkaufen es unsortiert als so genannte „Originalsammelware“ an Sortierbetriebe im In- und Ausland.

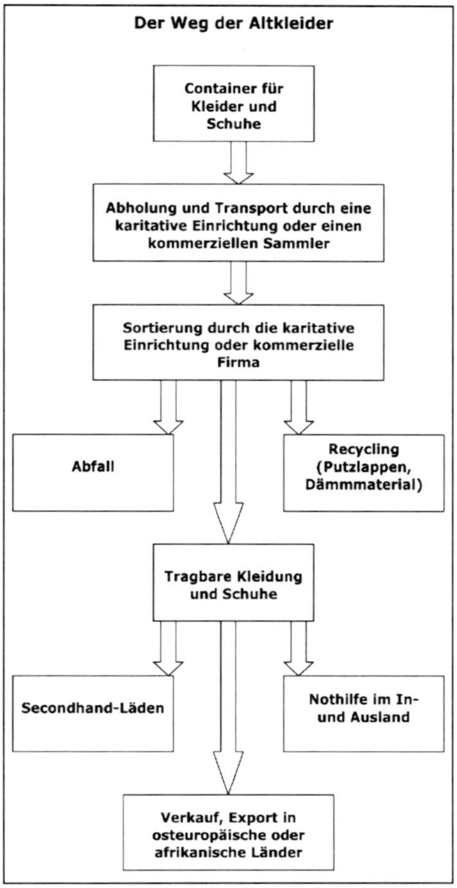

Sortierung

Nach der Sortierung wird die Originalsammelware in verschiedenen Vertriebswegen vermarktet:

• Gut erhaltene, modische Kleidung wird meist in Second-Hand-Läden in Deutschland und Westeuropa verkauft. Hierfür werden die höchsten Preise erzielt. Der Anteil dieser Ware erster Qualität erscheint mit maximal acht Prozent der Sammelware auf den ersten Blick gering. Mit dem Verkauf dieser Kleidungsstücke erwirtschaftet der Sortierbetrieb aber den größten Teil seines Erlöses.

• Der Teil der Kleidung, der den hohen Anspruch der Second-Hand-Läden nicht mehr erfüllt, aber noch tragbar ist, wird exportiert, vor allem nach Osteuropa, Afrika und in den Mittleren Osten. Dies ist der größte Teil der Sammelware.

• Ein wesentlicher Teil der Sammelware dient nur noch als Material für die Putzlappenherstellung oder das Recycling (z.B. Reißwolle, Pappenlumpen, Dämm-Material u.ä.). Diese Artikel verkaufen die Betriebe an entsprechende Verwerter im In- und Ausland. Hieran ist allerdings nicht viel zu verdienen, häufig liegen die Preise dafür sogar unter den Ankauf- und Sortierkosten.

• Ein letzter, völlig unbrauchbarer Rest landet schließlich auf den Abfalldeponien.

Die Qualität der gesammelten Kleidung hat sich nach Aussagen vieler Sortierbetriebe in den letzten Jahren deutlich verschlechtert. Der Anteil der noch verwendbaren Kleidung ist zurückgegangen, während der Anteil der nur noch für die Rohstoffverwertung geeigneten Textilien sowie insbesondere der als Restmüll zu entsorgende Anteil stark zugenommen hat.

Export

Second-Hand-Kleidung ist eine Ware, die global gehandelt wird. Ein beträchtlicher Teil unserer noch tragbaren Altkleider wird von Zwischenhändlern an die Länder der Dritten Welt und nach Osteuropa verkauft. Dorthin also, wo die Kleidung hergestellt wurde und wo die Mehrheit der Bevölkerung nur über eine geringe Kaufkraft verfügt. So kommt es, dass z. B. eine Jeans, die in einem Land der Dritten Welt genäht wurde, erst den Weg über Europa oder die USA geht, bis sie in ihrem Herstellungsland als Second-Hand-Jeans wieder verkauft wird.

Gleichzeitig hat der Import von Gebrauchtkleidung in vielen afrikanischen Ländern zum Niedergang der einheimischen Textil- und Bekleidungsindustrie geführt bzw. zumindest dazu beigetragen. Die afrikanischen Industrien sind angesichts der sich verschärfenden weltwirtschaftlichen Rahmenbedingungen weder auf dem Weltmarkt noch auf dem lokalen Markt wettbewerbsfähig. So liegt der „Erfolg“ der Gebrauchtkleidung v.a. auch daran, dass sie für weite Bevölkerungskreise eine Grundversorgung zu erschwinglichen Preisen ermöglicht hat.

Es ist schon paradox, dass Menschen, die in den Ländern der Dritten Welt an der Herstellung der Kleidung für unseren Markt beteiligt sind, sich diese neu nicht leisten können. Noch paradoxer aber ist, dass selbst die Kleider, die von einheimischen Textilfirmen oder auch Schneidern für den lokalen Markt hergestellt wurden, für viele zu teuer sind. So müssen Menschen in vielen Entwicklungsländern unsere gebrauchte Kleidung kaufen, obwohl in ihrem eigenen Land auch Kleidung hergestellt wird.

FairWertung

„Wer Kleider sammelt und damit Erlöse erzielt, muss auch Verantwortung für die Verwertung übernehmen.“ Aus dieser Überzeugung heraus gründeten einige katholische Organisationen im Oktober 1994 den Dachverband FairWertung mit dem Ziel, umwelt- und sozialverträgliche Konzepte für den Umgang mit Altkleidern zu entwickeln und die Vermarktungswege durchschaubarer zu machen.

Der Dachverband sammelt selbst keine Altkleider, sondern hat Richtlinien für die Sammlung und Vermarktung entwickelt, die für die angeschlossenen Sammler (Lizenznehmer) verbindlich sind. Für die Nutzung des Zeichens FairWertung zahlen die Sammler eine Lizenzgebühr.

Zu den Grundsätzen gehören:

- Kleidersammlungen, die das Zeichen FairWertung tragen, werden von gemeinnützigen Organisationen und Verbänden oder deren Tochtergesellschaften durchgeführt. (...) Aus der Sammlung resultierende Erlöse fließen in die Arbeit der sammelnden Organisationen.

- Die Öffentlichkeitsarbeit und die Werbung des Dachverbandes FairWertung und seiner Lizenznehmer folgen den Prinzipien der Klarheit und Wahrheit. Insbesondere wird darauf geachtet, jede Irreführung der Öffentlichkeit über den Träger, den Zweck, die Ergebnisse und die Verwendung der Kleidersammlung auszuschließen.

- Der Dachverband FairWertung sieht sich in der Verantwortung für die gesamte Prozesskette beim Textilrecycling. Dies heißt auch, dass er die ökologischen und sozialen Folgen in den Importländern beachtet und seine Aktivitäten im Interesse der dort lebenden Menschen ausrichtet (vgl. http://www.fairwertung.de).

Praxis Tipps Anregungen für die Unterrichtsgestaltung

Lernziele:

Die Schülerinnen und Schüler

- setzen sich mit der eigenen „Wegwerf-Mentalität", d.h. dem eigenen Kleiderverbrauch und dessen Folgen (Wirkungszusammenhängen) auseinander,
- lernen den „Weltmarkt" für Altkleider kennen und entwickeln und reflektieren Gestaltungsmöglichkeiten.

Eine Geschichte schreiben / Einen Comic zeichnen:

Der Lebensweg eines Kleidungsstückes

Altersstufe: Ab der 4. Klasse
Dauer: Hausaufgabe + 45 min bzw. ca. 90 min

➡ **Arbeitsauftrag:**

Erzähl doch einmal die Lebensgeschichte eines deiner Kleidungsstücke:

- Wie war das damals auf dem Weg von der Fabrik in den Laden?
- In was für einem Laden wurde das Stück verkauft, wie lange hing es da wohl, bis es jemand mit nach Hause genommen hat?
- Wie lange war es etwas „Besonderes" und ab wann war es alt?
- Warum kam es in einen Altkleider-Container und wie ging es danach weiter?
- Wie sähe ein gutes Ende für dein Kleidungsstück aus?

Die Geschichte kann geschrieben oder auch als Comic gezeichnet werden.

Vgl. Karpinski, Dorothea / Mönning, Petra (Verlag an der Ruhr, Mülheim 2001): Baumwolle - Eine Aktivmappe, 67.

Tausch-Fest

Altersstufe: Für jede Altersstufe, aber insbesondere ab der 5. Klasse geeignet
Dauer: Projekttag

Warum nicht einmal ein „Tausch-Fest" mit den Schüler/innen veranstalten?
Jede/r bringt (gut erhaltene) Kleidungsstücke mit, die er oder sie nicht mehr anziehen mag. Damit kann man zum Beispiel eine Modenschau veranstalten, auf der die Sachen „versteigert" werden. Vom Erlös kann die Klasse Eis essen gehen oder etwas für die Klasse anschaffen. Alternativ können die Sachen auch einfach an Wäscheleinen aufgehängt werden und jeder der etwas aufhängt, darf etwas anderes, was ihm/ihr gefällt, nehmen…
Wenn die ganze Schule mitmacht, gibt es mehr Auswahl und mehr Spaß.

Textiles Gestalten: Kartoffeldruck

Altersstufe: Für jede Altersstufe geeignet
Dauer: 45 – 90 min

Das Verschönern eigener Kleidung, die vielleicht sonst schon in den Altkleidersack gehen würde, ist eine gute Handlungsmöglichkeit im weiten Feld der Textilien - Herstellung und dem Handel mit unseren Altkleidern.

➡ Arbeitsauftrag
Wolltest Du nicht immer schon selber entscheiden, wie deine Hose oder dein T-Shirt aussieht, welche Farbe oder welche Form es hat?

Mach es doch einfach selbst und entdecke dabei auch, wie andere Leute Kleidung herstellen.
(1) Lege zuerst den Tisch mit Zeitungspapier aus. Dann kannst du Kartoffeln, Farbe und Pinsel holen.
(2) Nimm ein T-Shirt (oder etwas anderes, was du bedrucken möchtest) und lege ein dickes Stück Pappe als feste Unterlage in die Mitte des T-Shirts.
(3) Mit einem Messer schneidest du nun eine dicke Kartoffel durch. Danach schneidest du – evt. mit Hilfe einer Ausstechform – eine Figur hinein. Die Kartoffel ist jetzt ein Stempel.
(4) Bestreiche den Stempel mit Farbe, nun kannst Du hiermit auf deinem Stoff drucken.
(5) Mach das mit mehreren Kartoffeln und bedrucke dein T-Shirt mit verschiedenen Bildern, Mustern oder Wörtern.

Quelle: http://www.uni-oldenburg.de/roesa/kleidung/index.htm

Zur Vertiefung

- Informationen von FairWertung: http://www.fairwertung.de
- Kampagne für Saubere Kleidung (1997):
  Jugend, Kleidung, Mode – Vom Baumwollfeld zur Altkleiderkiste
- Karpinski, Dorothea / Mönning, Petra (Mülheim an der Ruhr, 2001):
  Baumwolle - Eine Aktivmappe

Filme

- FairWertung (15 min)
- Oburoni Wawu – Die Kleider der toten Weißen (56 min)

(Bezugsmöglichkeiten siehe Literatur- und Medienhinweise)

Hintergrund Informationen

Was tun? Was tun! Handlungsmöglichkeiten

Globalisierung und Liberalisierung haben dazu geführt, dass international agierende Firmen produzieren lassen, wo Arbeit am billigsten zur Verfügung steht. Dies ist überall dort der Fall, wo Mensch und Natur mehr oder weniger rücksichtslos ausgebeutet und vorhandene internationale Standards nicht eingehalten werden.

Alle Menschen haben jedoch ein Recht auf menschenwürdige Lebens- und Arbeitsbedingungen. Der Internationale Pakt über wirtschaftliche, soziale und kulturelle Rechte, der von den Vereinten Nationen 1966 geschlossen wurde, sichert den Menschen das Recht auf Arbeit, auf gerechte Arbeitsbedingungen, auf Zusammenschluss in Gewerkschaften und das Streikrecht zu. Auch das Recht auf soziale Sicherheit, auf Schutz der Familie und auf einen angemessenen Lebensstandard ist in dem Abkommen verankert.

Kernarbeitsnormen

Die Internationale Arbeitsorganisation (ILO) ist eine 1919 gegründete UN-Sonderorganisation, die sich aus Regierungen, Arbeitnehmervereinigungen und Arbeitgeberverbänden zusammensetzt. Ihr Ziel ist es, die Rechte von Arbeitnehmern zu verbessern und deren Einhaltung zu kontrollieren. Ihre Mitgliedsstaaten haben eine Reihe von Abkommen getroffen, die 1998 in die Verabschiedung der sogenannten Kernarbeitsnormen mündeten. Durch die Einführung von weltweit geltenden Mindeststandards soll verhindert werden, dass sich einzelne Länder oder Unternehmen durch die Missachtung der Rechte von Arbeitnehmerinnen und Arbeitnehmern Wettbewerbsvorteile verschaffen.

Zu diesen Kernarbeitsnormen gehören unter anderem das Verbot von Zwangsarbeit, die Vereinigungsfreiheit der Arbeitnehmer, die Nichtdiskriminierung am Arbeitsplatz und die Bekämpfung der Kinderarbeit. Die Mitgliedsstaaten der ILO haben sich verpflichtet, die Kernarbeitsnormen einzuhalten, zu fördern und zu verwirklichen.

Die ILO hat jedoch keinerlei Handhabe für Sanktionen, um die Einhaltung der Kernarbeitsnormen auch wirkungsvoll durchzusetzen.

Sozialstandards

Der häufig verwendete Begriff „Sozialstandards“ geht über den Inhalt der Kernarbeitsnormen hinaus und beinhaltet auch das Recht auf Gesundheit der Arbeitnehmerinnen und Arbeitnehmer (Schutz vor Unfällen, Schutz beim Umgang mit gesundheitsgefährdenden Stoffen), angemessene Arbeitszeiten und Existenz sichernde Löhne.

Verhaltenskodizes

Verhaltenskodizes („Codes of Conduct") sind Richtlinien für die Bedingungen am Arbeitsplatz. Mehr und mehr Unternehmen beschließen Verhaltenskodizes und legen damit bestimmte Standards fest (z.B. Arbeitsstunden, Regelungen im Krankheitsfall usw.), die auch überprüft werden können. Gerade Unternehmen, die in Entwicklungs- und Schwellenländern herstellen lassen, verfügen jedoch über keine Kodizes bzw. setzen diese nicht um.

Kampagne für Saubere Kleidung

Eine „sozial saubere" Produktion von Bekleidungsstücken, durchgesetzt über die Macht der Verbraucher/innen ist das Ziel der europäischen Kampagne für Saubere Kleidung (Clean Clothes Campaign, CCC).

„Sauber" heißt menschenwürdig: Den an der Kampagne beteiligten Organisationen geht es darum, die Umsetzung sozialer Mindeststandards und des gewerkschaftlichen Vereinigungsrechts bei der Herstellung von Kleidung zu erreichen.

Die Kampagne entstand auf Initiative niederländischer Organisationen und arbeitet mittlerweile in vielen weiteren europäischen Ländern und mit vielen Partner/innen in den Ländern der Dritten Welt. Die deutsche Kampagne besteht aus einem Träger/innenkreis von Nord-Süd-, Gewerkschafts-, Kirchen- und Frauenorganisationen sowie einem Aktiven-Kreis lokaler und regionaler Gruppen (www.saubere-kleidung.de).

Das Ziel ist es, den Einzelhandel dazu zu bewegen, den Kodex der Kampagne zu unterschreiben. Mit der Unterzeichnung verpflichten sich die Unternehmen, nur solche Kleidung zu verkaufen, die unter „sauberen" Bedingungen produziert wurde. Außerdem muss die Herstellung regelmäßig von unabhängiger Seite kontrolliert werden.

Der Verhaltenskodes der CCC beinhaltet u.a.

- das Verbot von Zwangsarbeit
- das Verbot von Kinderarbeit
- die Achtung der Vereinigungsfreiheit,
- die Zahlung ausreichender Löhne
- die Achtung menschenwürdiger Arbeitsbedingungen.

Einige Unternehmen, in den vergangenen Jahren zum Beispiel adidas, Puma oder C&A, werden exemplarisch für die ganze Branche in den Mittelpunkt der Aufklärungsarbeit gestellt. Die Kampagne ruft aber nicht zum Boykott dieser Unternehmen auf. Stattdessen fordern die beteiligten Gruppen und Organisationen Verbraucher/innen dazu auf, „Politik mit dem Warenkorb“ zu machen. Das bedeutet zum Beispiel, in Geschäften nachzufragen und die Verantwortung der Vermarkter von Bekleidung in Westeuropa einzufordern. Dabei baut die Kampagne auf der Abhängigkeit der Unternehmen von den Verbraucher/innen auf: Mit ihren ca. 20 Kilogramm jährlich pro Kopf gekauften Textilien, haben diese buchstäblich ein großes Gewicht in die Waagschale zu werfen.

Erfolge

Trotz vieler negativer Unternehmens-Beispiele konnte die Kampagne für Saubere Kleidung auch Veränderungen erreichen. Hess natur (www.hess-natur.de) hat als erstes deutsches Unternehmen den Verhaltenskodex der Kampagne unterschrieben und ist damit Branchenvorreiter. Aber auch andere Firmen sehen sich zu ersten Veränderungen veranlasst.

So entwickelte C&A 1995 einen „Code of Conduct“, der alle Lieferanten und Unterlieferanten zum „Respekt vor den fundamentalen Menschenrechten“, zu menschenwürdigen Arbeitsbedingungen, zu ordnungsgemäßer Bezahlung und zum Verbot von Kinder- und Zwangsarbeit verpflichtet. Die Lieferanten dürfen die Organisation der Arbeitnehmer nicht behindern. Um die Einhaltung des Kodexes zu überprüfen, unterhält C&A eine eigene Kontrollorganisation mit Sitz in Brüssel und Singapur. Die Mitarbeiter von „Service Organisation for Compliance Audit Management“ (SOCAM) erscheinen unangemeldet in Produktionsstätten und überprüfen die Standards. Seit 1996 wurden in 195 Fällen die Lieferbeziehungen auf Grund von Verstößen gegen den Verhaltenskodex gekündigt. Die Zulieferer können erst dann mit neuen Aufträgen rechnen, wenn sie die Missstände abstellen und im Falle von Kinderarbeit auch überzeugend nachweisen, dass sie die ehemaligen Kinderarbeiter bei der Schul- und Berufsausbildung unterstützen (http://www.cunda.de).

Auch H&M verpflichtet Zulieferbetriebe mit einem Verhaltenskodex auf die Einhaltung von Kernarbeitsnormen. Das Modeunternehmen mit Hauptsitz in Schweden überprüft die Einhaltung dieses Kodexes durch eigene Mitarbeiter und engagiert sich mit der schwedischen Sektion der Kampagne für Saubere Kleidung gemeinsam mit unabhängigen Organisationen für wirksame Kontrollen. Einer der wichtigsten Gesichtspunkte bei der Durchsetzung von Sozialstandards bei den Zulieferern von H&M ist es, Kinderarbeit zu beenden. Darüber hinaus unterstützt das Modehaus Ausbildungsprojekte für ehemalige Kinderarbeiter in Bangladesh und Indien (http://www.hm.com/de/).

Sowohl C&A als auch H&M kooperieren bei der Bekämpfung von Kinderarbeit mit der Kinderrechtsorganisation terre des hommes (http://www.tdh.de).

Sicherlich, Papier ist geduldig und die Realität sieht häufig noch nicht ganz so positiv aus. Dennoch zeigen diese Entwicklungen, dass Veränderungen möglich sind!

Praxis Tipps Anregungen für die Unterrichtsgestaltung

Lernziele: Die Schülerinnen und Schüler

- lernen die Kampagne für Saubere Kleidung kennen,
- setzen sich mit verschiedenen Labeln für Faire / umweltverträglich produzierte Kleidung auseinander,
- erschließen sich Handlungsmöglichkeiten und,
- erfahren, dass Veränderungen möglich sind.

Team-Übung: Der gordische Knoten

Altersstufe: Jede Altersstufe
Dauer: Ca. 20 min

Hinweise zur Übung

Veränderungen zu erreichen, erscheint vielen Menschen sehr schwer, oft sogar unmöglich. Den „Gordischen Knoten" zu lösen, scheint eine ebenso schwierige Aufgabe, sie gelingt aber (fast) immer. Diese Übung fördert deshalb nicht nur die Zusammenarbeit in der Gruppe, sondern zeigt auch: „Alles ist möglich!"

Bei Schulklassen ist es wichtig, mehrere Gruppen zu bilden (max. 10 Schüler/innen pro Gruppe). Je Gruppe sollte ein/e Schüler/in das Geschehen von außen betrachten und unterstützend wirken. So ist der Erfolg sicher!

Ablauf

1. Die Mitspieler/innen stehen im Kreis und strecken ihre Hände nach oben in die Mitte. Mit geschlossenen Augen werden die Hände in die Mitte abgesenkt. Dann greift jeder nach zwei Händen. Es dürfen nicht die Hände von unmittelbaren Nachbarn oder nur eines Mitspielers gegriffen werden, sondern es sollten die Hände verschiedener Personen sein.
2. Wenn jede Hand eine andere Hand gefunden hat, können die Augen geöffnet werden und die Gruppe geht so weit wie möglich auseinander, ohne dabei die Hände zu lösen. Ein gordischer Knoten ist entstanden!
3. Die Aufgabe der Gruppe besteht nun darin, den Knoten zu entwirren, ohne die Hände loszulassen. Ziel ist, dass die Teilnehmerinnen und Teilnehmer am Ende einen Kreis bilden, was nicht immer, aber fast immer, gelingt.

Team-Übung: „Die Welt auf den Kopf stellen“

Altersstufe: Jede Altersstufe
Dauer: Ca. 20 min

Für die Übung ist eine feste Plane oder ein Teppich notwendig auf dem alle Schüler/innen (knapp) Platz finden.

Hinweise zur Übung
Auch bei dieser Übung geht es darum, einerseits die Zusammenarbeit in der Gruppe zu fördern, andererseits aber auch zu zeigen, dass gemeinsam und mit Ausdauer eine „andere Welt“ möglich ist!

Aufgabe
Die Schüler/innen stehen auf der Plane. Ihre Aufgabe ist es, die Plane auf die andere Seite zu drehen, ohne dass ein Schüler / eine Schülerin von der Plane tritt.

Aktion: „Made in hell?“ – So geht das nicht!

Altersstufe: Ab Klasse 6
Dauer: Zeitintensiver, z.B. im Rahmen einer Projektwoche durchführbar

➡ Arbeitsauftrag
Informiert Euch genau über die Kampagne für Saubere Kleidung. Setzt euch mit einem aktuellen Projekt der Kampagne auseinander (www.saubere-kleidung.de).

Überlegt euch eine Werbeaktion für saubere und faire Kleidung. Entwerft in Gruppenarbeit Plakate, Infobroschüren, eine Ausstellung oder sonstige Materialien, die eure Schulkameraden/innen, Lehrer/innen, Eltern aufklären und informieren.
Als Beipiel kann die Aktion „made in hell“ dienen (siehe folgende Seite).

■ Ein Beispiel: T-shirt-Aktion „Made in hell" (Quelle: INKOTA, www.inkota.de)

Internet-Recherche / Kreativ-Sein:
Das „Wir tun was!"-Memory

Altersstufe: Ab Klasse 6
Dauer: Umfangreicheres Projekt, z.B. im Rahmen einer Projektwoche durchführbar

Die Schüler/innen setzen sich im Rahmen einer Internet-Recherche intensiv mit verschiedenen Alternativen zu herkömmlich produzierter Kleidung auseinander. Hierzu gehören z.B.

- die verschiedenen Label für Kleidung (Öko-Tex, Green Cotton, FairWear usw.)
- die Kampagne für Saubere Kleidung
- Lamu Lamu
- Hess natur
- Pan Germany
- Naturland
- Projekte, z.B. von terre des hommes
- Second-Hand-Läden / Tauschaktionen
- …

Als Ergebnis ihrer Recherche erstellen die Schüler/innen ein Memory-Spiel. Hierbei bestehen die Kartenpaare jeweils aus einem Symbol / Label / Bild und einer Erklärung. Wird das Memory im Rahmen einer Projektwoche erstellt, kann es am letzten Tag an andere Schüler/innen, Lehrer/innen, Eltern usw. gegen Spende (z.B. für die Kampagne für Saubere Kleidung) weitergegeben werden.

Firmen-Recherche

- Altersstufe: Ab Klasse 7
- Dauer: Mind. 3 Schulstunden

Die Schüler/innen befassen sich im Rahmen einer Internet-Recherche intensiv mit verschiedenen Unternehmen. Hierzu gehören z.B.

- adidas
- Hess natur
- C&A
- H&M
- Tchibo

Gibt es Unterschiede hinsichtlich der Art der Herstellung und den Produktionsbedingungen? Gehen die Firmen auf Probleme ein, engagieren sie sich z.B. gegen Kinderarbeit und Ausbeutung in ihren Herstellerbetrieben?
Was sagt die Kampagne für Saubere Kleidung über diese Unternehmen?

Hinweis
Der Film „GO FAIR“ - Ein Video über Produktionsbedingungen in der Sportschuhindustrie (15 min, ab 11 Jahren) kann als Einstieg dienen.

Film

„GO FAIR“ - Ein Video über Produktionsbedingungen in der Sportschuhindustrie
(15 min, ab 11 Jahren)
Scotty und Frieda, zwei außerirdische Kundschafter, sind begeistert von den bequemen Sportschuhen der Erdbewohner/innen und wollen herausfinden, wie und wo diese Sportschuhe hergestellt werden. Dabei erfahren sie von den schlechten Arbeitsbedingungen der Näher/innen, die diese Schuhe produzieren. Sie lernen aber auch etwas über die Ziele und Forderungen der Kampagne für ‚Saubere‘ Kleidung. – Mit kleiner Broschüre; Auch als DVD erhältlich (Christliche Initiative Romero, Kampagne für Saubere Kleidung).

Zur Vertiefung

- GMÖ / Südwind (2005): Der Stoff aus dem die Träume sind
- International Labour Organisation (ILO): http://www.ilo.org/public/german/region/eurpro/bonn/
- Kampagne für Saubere Kleidung (1997): Jugend, Kleidung, Mode – Vom Baumwollfeld zur Altkleiderkiste
- Kampagne für Saubere Kleidung / Christliche Initiative Romero (2004): Fit for Fair. Für bessere Arbeitsbedingungen in der Sportswearindustrie
- Karpinski, Dorothea / Mönning, Petra (Mülheim an der Ruhr, 2001): Baumwolle - Eine Aktivmappe
- Musiolek, Bettina (1998): Ich bin chic und Du musst schuften. Frauenarbeit für den globalen Modemarkt

Internet-Seiten

- www.saubere-kleidung.de
  Die Seiten der Kampagne für Saubere Kleidung, die sich für bessere Arbeitsbedingungen in der Bekleidungsindustrie einsetzt. Die Kampagne will gemeinsam mit den Verbraucher/innen den Bekleidungshandel dazu bewegen, Verantwortung für humane Arbeitsbedingungen in den Weltmarktfabriken zu übernehmen.

- http://www.ci-romero.de/
  Die Christliche Initiative Romero ist eine der Trägerorganisationen der Kampagne für Saubere Kleidung und engagiert sich für die Rechte der Textilarbeiter/innen. – Auf den Seiten finden sich aktuelle Informationen und vielfältige Materialien.

- http://www.inkota.de/
  INKOTA ist ein ökumenisches Netzwerk entwicklungspolitischer Basisgruppen, Weltläden, Kirchgemeinden und Einzelengagierter. Das Netzwerk unterstützt Projekte von Nichtregierungsorganisationen, Basisinitiativen und sozialen Bewegungen in Nicaragua, El Salvador, Guatemala, Mosambik und Vietnam, die in ihren Ländern für gerechtere gesellschaftliche Strukturen eintreten. Ein Arbeitsschwerpunkt ist die Kampagne für Saubere Kleidung.

- http://www.terre-des-femmes.de/
  TERRE DES FEMMES ist eine gemeinnützige Menschenrechtsorganisation für Frauen und Mädchen, die durch internationale Vernetzung, Öffentlichkeitsarbeit, Aktionen, Einzelfallhilfe und Förderung von einzelnen Projekten Frauen und Mädchen unterstützt.

Kommentierte Literatur- und Medienhinweise

Bücher, Broschüren und umfassende Materialsammlungen

- Amt für Jugendarbeit der Evangelischen Kirche im Rheinland, BDKJ im Bistum Trier u.a. (1997): Die Weltweite Textilbranche. Jugend, Kleidung, Mode - vom Baumwollfeld zur Altkleiderkiste
  Arbeitshilfe für die Jugendarbeit als Beitrag zur Kampagne für saubere Kleidung (CCC)

- BLK-Programm „21", Koordinierungsstelle Freie Universität Berlin: Werkstattmaterialien, Bildung für eine nachhaltige Entwicklung. Nr.2: Baumwolle - ein Produkt der dritten Welt. Ein fächerverbindendes Unterrichtsvorhaben der Sekundarschule „Am Nordpark" in Wolfen, Sachsen-Anhalt, Berlin
  Die Handreichung beschreibt das Projekt der Sekundarschule „Am Nordpark" in Wolfen „Baumwolle - ein Projekt der dritten Welt" und enthält neben Hinweisen zur curricularen Einbettung des Themas auch Planungsunterlagen und Materialien für den Unterricht.

- Bühler, Marcel / Fuchs, Elisa / Erklärung von Bern u.a. (Hg.) /1996): Kleider - Mode - Märkte
  Das Handbuch geht u.a. auf die Themen Kleidung als Grundbedürfnis, Arbeitsteilung und Produktionsverlagerung ein.

- Bühler, Marcel / Fuchs, Elisa / Erklärung von Bern u.a. (Hg.) (2002): Mode Marken Märkte. Globalisierung konkret - Handbuch für Lehrpersonen, Will / Schweiz
  Das Handbuch liefert Vorschläge für die Unterrichtsgestaltung, Überprüfungsfragen und Kopiervorlagen zum Thema Textilien und formuliert detaillierte Lernziele zu den einzelnen Themenbereichen (Sekundarstufe II).

- Bundesministerium für wirtschaftliche Zusammenarbeit und Entwicklung (2006): King Cotton oder Baumwolle als Schicksal, Bonn
  Ein multimediales Projekt, das aus zwei DVDs besteht und die vielfältigen Aspekte der Baumwolle in anschaulicher und ansprechender Weise darstellt. Die DVDs enthalten Filme, Ton- und Bilddokumente und eine Vielfalt weiterer didaktischer Materialien. Kostenfrei beim BMZ zu bestellen.

• Christliche Initiative Romero (2002): „Todschicke“ Kleidung - Zu welchem Preis? Weltweite Bekleidungsproduktion und unser Kleiderkonsum, Münster
Die Broschüre befasst sich mit Textilien und Bekleidung in der Weltwirtschaft sowie mit Frauenarbeit. Sie zeigt Wege zu einer Bekleidungsproduktion ohne Ausbeutung auf und gibt Anreize für Aktionen und Unterrichtsgestaltung zu diesem Thema.

• Christliche Initiative Romero (2004): Fit for Fair - Für bessere Arbeitsbedingungen in der Sportswearindustrie
Fakten und Hintergründe über die Produktion der großen Sportmarken; Ideen / Handlungsmöglichkeiten für Verbraucher/innen.

• Deutsche Welthungerhilfe (2004): Baumwolle. Weißes Gold im Ausverkauf
Alles rund um das Thema Baumwolle.

• DGB Bildungswerk e.V. (Hg.) (1998): Freie Produktionszonen. Grenzenlose Gewinne!
Die Broschüre informiert über die Entwicklung der Freien Produktionszonen und über die Bedingungen, unter denen die Menschen dort beschäftigt sind.

• DGB Bildungswerk e.V. (Hg.) (1998): Kleidung aus der Weltfabrik
Die Broschüre behandelt entwicklungspolitische Fragestellungen und problematisiert am Beispiel Textilproduktion die wirtschaftlichen Austauschverhältnisse zwischen Nord und Süd.

• DGB Bildungswerk e.V. / Pater, Siegfried (2001): Baumwolle - mehr als eine Faser
Die Broschüre behandelt Aspekte des Weltbaumwollhandels und der in diesem Bereich herrschenden Arbeitsbedingungen.

• Dreisbach-Olsen, Jutta / Haas, Sibylle / Bundeszentrale für gesundheitliche Aufklärung (2002): Von Häuten und Kleidern
Das Aktionsbuch thematisiert die Zusammenhänge von Gesundheit und Ernährung im Kinderalltag. Es gibt Anregungen für Erzieher/innen, die Kinder bei der Entdeckung und Deutung ihrer Alltagswelt zu unterstützen.

- Herzog, Marianne (2003): Mehrperspektivischer Textilunterricht. Ideen, Anregungen und Materialien für die Grundschule
  Die Autorin stellt im ersten Teil Mehrperspektivität als Prinzip der textilpädagogischen Theorie vor, um dann im zweiten Teil konkrete Ideen und Beispiele der Unterrichtsgestaltung aufzuzeigen.

- Klindworth, Uwe (1998): Wachsen Jeans vielleicht auf Feldern? Lauter alltägliche Dinge, woher sie kommen und wie sie gemacht werden, Luzern
  Kindgerechte Erklärungen mit vielen anschaulichen Bildern u.a. zur Jeans / Baumwolle.

- Kreuzinger, Steffi / Unger, Harald (1999): Agenda 21 - Wir bauen unsere Zukunft. Eine Mitmach-, Ideen- und Werkzeugkiste für Kinder und Jugendliche
  Eine Fülle kind- und jugendgerecht aufgearbeiteter Informationen und praktische Hinweise rund um Themen Agenda 21, Ernährung, Kleidung, Umwelt usw.

- Mönning, Petra / Dorothea Karpinski (2001): Baumwolle - Eine Aktivmappe, Mülheim
  Die Aktivmappe liefert Informationen rund um das Thema Baumwolle und bietet Tipps und Anregungen, wie schon Grundschul-Schüler/innen sich aktiv mit dem Thema auseinander setzen können.

- Mönter, Burckhard / Pieper, Christiane (1999): Schau mal: Kleider, Kleider, Kleider, Luzern
  Das Buch erzählt Kindern allerlei Wissenswertes über Kleidung, z.B. woraus sie gemacht ist, wo sie herkommt, was die Menschen früher trugen und vieles mehr.

- Musiolek, Bettina (Hg.) (1998): Ich bin chic, und Du musst schuften. Frauenarbeit für den globalen Modemarkt, Frankfurt
  Frauen aus vier Kontinenten erzählen wie sie arbeiten und leben und für den globalen Modemarkt Kleidung nähen. Dabei zeigt das Buch die Spielregeln und Produktionsbedingungen in der Bekleidungsindustrie sowie Ansätze zur Veränderung auf.

- Praxis integrierter naturwissenschaftlicher Grundbildung (PING) (2001): Wir kleiden und schmücken uns - Eine Musterkollektion für Marie und Alexander
  Anregungen und Materialien für eine Unterrichtsgestaltung rund um das Rahmenthema „Kleiden und Schmücken“. Im Internet zum Download verfügbar: http://ping.lernnetz.de

- Rosenkranz, Bernhard / Schmidt, Eva / Stiftung Verbraucherinstitut Berlin (1999): In Hülle und Fülle
  Das Heft informiert über die Themen Mode, Fasern, Kleidung.

- Schildknecht, Karl-Heinz / Bremer Baumwollbörse (1999): Bremer Baumwollbörse - Bremen und Baumwolle im Wandel der Zeiten, Bremen
  Die Geschichte der Bremer Baumwollbörse.

- Stiftung Bildung und Entwicklung, Arbeitsgemeinschaft Swissaid u.a. (Hg.) (2001): sorgen für morgen. 20 erprobte Unterrichtsprojekte zur nachhaltigen Entwicklung für alle Schulstufen
  Das Dossier bietet Informationen zu nachhaltiger Entwicklung und zeigt anhand von 20 in der Schulpraxis erprobten Projekten, welchen Beitrag Schulen für eine nachhaltige Entwicklung leisten können. Des Weiteren enthält es eine Medienliste, hilfreiche Adressen sowie eine Checkliste für eigene Unterrichtsvorhaben.

- Strütt-Bringmann, Traude / Die Verbraucherinitiative e.V. (Hg.) (1994): Der Stoff aus dem die Kleider sind, Berlin
  Wer denkt beim Kauf einer eleganten Hose, eines schicken Pullovers schon an gesundheitliche Gefahren? Leider sorgen nicht selten hautreizende Chemikalien für den modischen Pfiff. Das 152-Seiten-Buch zeigt, wo Alternativen sind.

- SÜDWIND e.V.(Hg.) (2005): Der Stoff, aus dem die Träume sind. Vom eigenen Kleiderschrank bis zur Näherin in der Weltmarktfabrik. Ein Beispiel für Globalisierung
  Arbeitshilfe zum Thema Kleidung für den kirchlichen Unterricht, Schule und Jugendarbeit. Mit CD-Rom.

- TERRE DES FEMMES e.V.(2003): Mode, Macht & Frauenrechte (Schriftreihe NEIN zu Gewalt an Frauen)
  Die Autorinnen stellen die Situation der in der weltweiten Bekleidungsindustrie beschäftigten Frauen dar. Zudem zeigen sie Wege auf, wie die Öffentlichkeit auf das Thema aufmerksam gemacht werden kann.

- Welthaus Bielefeld u.a. (2002): Meine Welt und Dritte Welt, Bielefeld
  Eine jugendgerechte Bearbeitung des Themas „Dritte Welt". Die Broschüre bietet vielfältige Einstiegsmöglichkeiten und regt zur Auseinandersetzung mit den eigenen Vorstellungen, Vorurteilen und Weltbildern an.

- Wick, Ingeborg / Detlef Henke / SÜDWIND e.V. (2005): Nähen für den Weltmarkt. Frauenarbeit in Freien Exportzonen und der Schattenwirtschaft. Länderbeispiele China, Indonesien und Sri Lanka. Modemultis auf dem Prüfstand
  Die Broschüre stellt Fallbeispiele über Arbeitsbedingungen von Frauen in Freien Exportzonen und Sweatshops in China, Indonesien und Sri Lanka vor. Ferner enthält sie Stellungnahmen von Unternehmen, Hintergrundanalysen zu den Trends auf dem Weltmarkt für Textil und Bekleidung und Handlungserfahrungen von Gewerkschaften und Verbraucher/innen.

Filme

- China Blue (87 min)
  Sie zahlen den Preis für unsere günstige Kleidung: Der Film beschreibt die Billigarbeit in China und das Leben der Arbeiterinnen in der boomenden Textilindustrie. (Micha X. Peled; www.teddybearfilms.com)

- Cottonmoney und die globale Jeans (75 min)
  Ein Film über ein Vierteljahrhundert in der deutschen Textilindustrie und einem ostafrikanischen Baumwolldorf.
  (Peter Heller; Siehe King Cotton / BMZ; Vertrieb: www.filmkraft.net)

- Das Model und die Armen (29 min)
  Die Geschichte einer bengalischen Designerin, die ihrem Land eine Entwicklungschance bieten will.
  (Christina Ferro-Seitz; Verleih: EZEF, www.ezef.de)

- FairWertung (15 min)
  Ein Film über den Weg unserer Altkleider und die Initiative „FairWertung".

- Geheimakte T-Shirt. Der Schweizer Öko-Mode auf der Spur (29 min)
  Ein Dokumentarfilm mit Rahmenhandlung über ökologische Textilproduktion in der Schweiz.
  (Sigrid Faltin, Peter Ohlendorf / fechner MEDIA Verlag, Verleih: EZEF: www.ezef.de)

- „GO FAIR" - Ein Video über Produktionsbedingungen in der Sportschuhindustrie (15 min, ab 11 Jahren)
  Scotty und Frieda, zwei außerirdische Kundschafter, sind begeistert von den bequemen Sportschuhen der Erdbewohner/innen und wollen herausfinden, wie und wo diese Sportschuhe hergestellt werden. Dabei erfahren sie von den schlechten Arbeitsbedingungen der Näher/innen, die diese Schuhe produzieren. Sie lernen aber auch etwas über die Ziele und Forderungen der Kampagne für Saubere Kleidung. – Mit kleiner Broschüre; Auch als DVD erhältlich.
  (Bezug: Christliche Initiative Romero, Kampagne für „Saubere" Kleidung)

- 100% Baumwolle Made in India (30 min. ab 12 Jahren))
  Der Film zeigt, dass der Einsatz von Pestiziden zur Schädlingsbekämpfung auf den Baumwollfeldern Indiens nicht nur immense gesundheitsschädliche Auswirkungen für den Baumwollbauern hat, sondern gleichermaßen für den Verbraucher, der die Baumwolltextilien in Deutschland erwirbt.
  (Inge Altemeier / Bundesministerium für wirtschaftliche Zusammenarbeit und Entwicklung, 2003; Bezug: hornungtv@t-online.de)

- Jeans - Baumwolle im Zeichen der Globalisierung (19 min, ca. ab 12 Jahren)
  Der Film zeigt die Auswirkungen der Globalisierung am Beispiel der Jeans in Deutschland, Tansania und Russland für Kinder und Jugendliche.

- Kleider machen Leute
  Ein Film über die Arbeitsbedingungen in den Zulieferbetrieben namhafter Konzerne und über die Clean Clothes Campaign.
  (Christliche Initiative Romero, Kampagne für Saubere Kleidung)

- Löwenzahn: Mit Nadel und Faden (ab 8 Jahren)
  Ein Film über unsere Kleidung mit Peter Lustig.

- Made in Dignity (20 min)
  Am Beispiel der T-Shirt-Produktion eines kleinen Unternehmens in Simbabwe und der Absatzmöglichkeiten in Zusammenarbeit mit Organisationen des Fairen Handels in Europa, wird eine Alternative zu den üblichen Bedingungen in der globalen Textilproduktion gezeigt.

• Mavuno Safi – Saubere Ernte (52 min)
Ein Dorf baut auf Biobaumwolle. (Peter Heller; Verleih: EZEF: www.ezef.de; Vertrieb: www.filmkraft.net)

• MITTENDRIN: Haut-Nah (24 min, ca. ab 12 Jahren)
Ein Film über ehemals traditionelle, heimische Textil-Pflanzen und darüber, wie diese Pflanzen wieder an Bedeutung gewinnen können. (Verleih: Kreismedienzentrum Lüneburg: www.medienzentrum-lueneburg.de)

• MITTENDRIN: Natur - Aber pur (24 min, ca. ab 12 Jahren)
Der Film lüftet das Geheimnis um die modernen High-Tech-Fasern und wirft die Frage auf, ob es keine Alternativen gibt.
(Verleih: Kreismedienzentrum Lüneburg: www.medienzentrum-lueneburg.de)

• MITTENDRIN: Fair-Kleiden (24 min, ca. ab 12 Jahren)
Ein Film zur Frage, wie wir uns sozialverträglich anziehen können.

• Oburoni Wawu (56 min)
Oburoni Wawu – Die Kleider der toten Weißen.
Dokumentation über das Geschäft mit Altkleidern, die oft aus Haussammlungen stammend als billige Importware z.B. auf afrikanischen Märkten landen und dort die einheimische Textilindustrie verdrängen. Neben Arbeitsplätzen verschwindet so auch ein wichtiger Teil der afrikanischen Kultur.
(Franziska Strohbusch/ Boris Terpinc; verleih: www.ezef.de)

• Second Hand (52 min)
Der Film beleuchtet den Handel mit Altkleidern.

• Willi will's wissen: Wie kommt die Mode in Mode? (25 min)
Was trug der Steinzeitmensch? Was trägt man heute? Im Laufe der Jahrhunderte hat sich Kleidung ständig verändert und es macht Willi Spaß, ein paar „Moden" auszuprobieren. Vor allem aber macht Willi sich kundig, wo unsere Bekleidung heute entworfen und geschneidert wird. Und am Ende darf er sogar bei einer Modenschau über den Laufsteg spazieren. (fwu 2004/2005; Verleih: Kreismedienzentrum Lüneburg: www.medienzentrum-lueneburg.de)

- Wo kommen eigentlich die vielen bunten T-Shirts her? Kinderarbeit in Indien (ab 8 Jahren) Tom und Isabell aus Hamburg tragen am liebsten T-Shirts, weil die billig und super bequem sind. Kumar und Lata, zwei Kinder aus Südindien, arbeiten jeden Tag in einer Textilfabrik in Tirupur. Hier stellen sie mit vielen anderen Kindern tausende von T-Shirts her, die in der ganzen Welt verkauft werden. (Inge Altemeier, Reinhard Hornung / Solidaritätsfonds e.V. 1997)

CD-Rom

- Deutsche Lepra- und Tuberkulosehilfe e.V. (2004): Mit Tatu um die Welt
  Ein interaktives Lernspiel. Die Schüler gehen mit dem Gürteltier Tatu auf eine Reise rund um den Globus und erkunden, wie die Menschen in anderen Ländern leben. Ab 9 Jahren

- DGB Bildungswerk e.V. (2001): Globalisierung
  Die CD bietet eine kritische Auseinandersetzung mit dem Thema „Globalisierung“. Mit einer Fülle von Materialien in Form von Animationen, Interaktionen, Video, Audio, Bildern, Grafiken und Texten zu den unterschiedlichen Themenbereichen der Globalisierung, können Sie dieses weite Feld erforschen. Ab 12 Jahren

Sonstige Materialien

- Baumwoll-Aktionskiste (Verleih über das Schulbiologie- und Umweltzentrum Lüneburg)
  Die Baumwoll-Aktionskiste thematisiert die globale Perspektive unserer Kleidung. Hierbei zeigt die Ausstellung „Auf der Weltreise einer Jeans“[9] die einzelnen Arbeitsschritte für die Herstellung einer Jeans, die durch vielfältige Unterrichtsanregungen, Medien und – materialien ergänzt werden. Schüler/innen können Baumwolle und Baumwollblüten erfühlen, unterschiedliche Stoffeigenschaften spüren und untersuchen, sich mit dem eigenen Modeverhalten auseinander setzen, die Besonderheiten des Baumwollanbaus kennen lernen, einen Baumwollsamen einpflanzen und beobachten, in die Rolle einer Textilarbeiterin schlüpfen u.v.m.
  Lehrkräfte finden in einer Handreichung zu all diesen Themen eine Fülle von Literatur und Tipps zur Unterrichtsgestaltung. (Weitere Infos: www.schubz.org)

- Folien: Kleider machen Leute. Wer macht unsere Kleider? (Bezug: Verein Partnerschaft „3 Welt“ e.V. Gießen, 2002) Foliensatz und Begleittext behandeln ökologische und soziale Fragen rund um das Thema Nachhaltigkeit und Bekleidung

9 Die Ausstellung wurde von den Weltläden Gießen, Gladenbach und Marburg konzipiert. Die übernommenen Tafeln wurden teilweise zum Zwecke der Aktualisierung ersetzt, einige Tafeln wurden neu hinzugefügt.

Internet-Adressen

- http://www.agendakids.muc.kobis.de/start.htm
  Spannendes zu Kleidung, Ernährung, Spielen/Fahren/Wohnen, Umwelt, Visionen und zu den Kinderrechten mit vielen Infos, Spielen, Aktionsideen, Quiz und Links vom Ökoprojekt-Mobil-Spiel e.V., München.

- www.baumwollboerse.de
  Die Seiten der Bremer Baumwollbörse informieren rund um die Baumwolle. Außerdem können vielfältige Materialien zur Information und Anschauung bestellt werden.

- www.ci-romero.de
  Die Christliche Initiative Romero ist eine der Trägerorganisationen der Kampagne für Saubere Kleidung und engagiert sich für die Rechte der Textilarbeiter/innen. – Auf den Seiten finden sich aktuelle Informationen und vielfältige Materialien.

- www.fairwertung.de
  „FairWertung“ hat zum Ziel, umwelt- und sozialverträgliche Konzepte für den Umgang mit Gebrauchtkleidung zu entwickeln und die Sammlung und Vermarktung von Altkleidern durchschaubarer zu machen. Darüber hinaus will FairWertung Verbraucherinnen und Verbraucher über den Gebrauchtkleidermarkt informieren und Anstöße zu einem ressourcenschonenden Umgang mit Textilien geben.

- www.geographiedidaktik.de/Untermat/Maikaal/indien.html
  Beschreibung einer zweistündigen Unterrichtseinheit „Biobaumwolle aus Indien: Das Maikaal Projekt“ (inklusive Material).

- www.gesamttextil.de
  Die Seiten des Gesamtverbands Textil und Mode.

- www.inkota.de
  INKOTA ist ein ökumenisches Netzwerk entwicklungspolitischer Basisgruppen, Weltläden, Kirchengemeinden und engagierter Einzelpersonen. Das Netzwerk unterstützt Projekte von Nichtregierungsorganisationen, Basisinitiativen und sozialen Bewegungen in Nicaragua, El Salvador, Guatemala, Mosambik und Vietnam, die in ihren Ländern für gerechtere gesellschaftliche Strukturen eintreten. Ein Arbeitsschwerpunkt ist die Kampagne für Saubere Kleidung.

- www.kingcotton.de

  Die Internetseite zum multimedialen Projekt des Bundesministeriums für wirtschaftliche Zusammenarbeit (BMZ). Hier dreht sich alles um die Baumwolle.

- www.pan-germany.org

  Das Pestizid-Aktions-Netzwerk (PAN Germany) informiert rund um den Chemieeinsatz und über ökologische Alternativen.

- www.praxis-umweltbildung.de

  Ein aktueller Service des Ökoprojekt-MobilSpiel e.V. für Lehrer/innen und Mitarbeiter/innen aus Umweltbildung, Kinder- und Jugendarbeit. Vielfältige Anregungen für Projekte in der Umwelt- und Nachhaltigkeitsbildung, Workshops, Spiele, Bastelanleitungen, Tipps, Checklisten und vieles mehr. Themen z.B.: Ernährung, Freizeit, Gesundheit und Kleidung.

- www.saubere-kleidung.de

  Die Seiten der Kampagne für Saubere Kleidung, die sich für bessere Arbeitsbedingungen in der Bekleidungsindustrie einsetzt. Die Kampagne will gemeinsam mit den Verbraucher/innen den Bekleidungshandel dazu bewegen, Verantwortung für humane Arbeitsbedingungen in den Weltmarktfabriken zu übernehmen.

- www.suedwind-institut.de

  Das Südwind-Institut für Ökonomie und Ökumene forscht zu vielfältigen Problemlagen der Entwicklungsländer und weist hierbei insbesondere auf die Verantwortung der Industrieländer hin. Einer der Arbeitsschwerpunkte ist die Situation von Frauen in der Wirtschaft.

- www.terre-des-femmes.de

  TERRE DES FEMMES ist eine gemeinnützige Menschenrechtsorganisation für Frauen und Mädchen, die durch internationale Vernetzung, Öffentlichkeitsarbeit, Aktionen, Einzelfallhilfe und Förderung von einzelnen Projekten Frauen und Mädchen unterstützt.

- www.umweltberatung.at
  Inhaltlicher Einstieg zum Thema: „In Hülle und Fülle! Textilien, unsere zweite Haut!“ sowie didaktisch aufbereitete Methodensammlung.

- www.uni-oldenburg.de/roesa/kleidung/index.htm
  RÖSA Online - Die virtuelle Sachunterrichts-Lernwerkstatt: Kleidung.

- www.wdrmaus.de/sachgeschichten/jeanshose/
  und www.wdrmaus.de/sachgeschichten/jeansstoff/
  Sachgeschichten mit der Maus, hier zu den Themen Jeanshose und -stoff.

Portraits

Marion Rolle

Diplom-Sozialpädagogin / Sozialarbeiterin (FH) und Diplom-Politikwissenschaftlerin.

Seit 10 Jahren in der entwicklungspolitischen Bildungsarbeit sowie Konzeption und Durchführung von global ausgerichteten Projekten tätig, seit 2005 im Heinrich-Böll-Haus Lüneburg. Inhaltliche Schwerpunkte sind insbesondere die Themen Nachhaltiger Konsum, Fairer Handel und die Millenniums-Entwicklungsziele mit einem regionalen Schwerpunkt in Afrika.

Das Heinrich-Böll-Haus Lüneburg ist ein umwelt-, entwicklungs- und sozialpolitisches Informations-, Kommunikations- und Aktionszentrum, in dem zurzeit 17 Gruppen und Verbände arbeiten. Die meisten dieser Gruppen arbeiten im Rahmen der inhaltlichen Positionen der Agenda 21, die sich seit einigen Jahren zum Leitbild der Nachhaltigkeit fortentwickelt hat.

KONTAKT:
Marion Rolle
Heinrich-Böll-Haus Lüneburg
Katzenstr. 2, 21335 Lüneburg
E-Mail: MarionRolle@boell-haus-lueneburg.de
Internet: www.boell-haus-lueneburg.de

Magda Schumacher

Diplomagraringenieurin/ tätig als Studienrätin an der BBS III Lüneburg, Fachbereich Agrarwirtschaft.

Seit 10 Jahren mit Stunden abgeordnet an das SCHUBZ in Lüneburg. Konzeption und Durchführung von Projekten, Entwicklung von Unterrichtsmaterialien zum Themenbereich Landwirtschaft und Ernährung.

Teilnahme an niedersächsenweiten Projekten wie Transparenz schaffen - von der Ladentheke bis zum Erzeuger, Expedition Landwirtschaft, Alicera.

KONTAKT:
Schulbiologie- und Umweltbildungszentrum der Stadt Lüneburg
Scharnhorststraße 1, Geb. 14, 21335 Lüneburg
e-Mail: info@schubz.lueneburg.de
Internet: www.schubz.org

Schriftenreihe

KLEINE SCHRIFTEN ZUR ERLEBNISPÄDAGOGIK

Band 1: Jörg W. Ziegenspeck:
ERLEBNISPÄDAGOGIK.
Rückblick - Bestandsaufnahme - Ausblick.
Bericht über den gegenwärtigen Entwicklungsstand der Erlebnispädagogik unter besonderer Berücksichtigung der Lüneburger Anstöße und Projekte.
Dokumentation der geleisteten praktischen und theoretischen Arbeit (1980 - 1992).
Lüneburg 1992, 4. Aufl., 200 S., EUR 12,50 (ISBN 3-929058-39-1)

[Frühere Auflagen erschienen unter folgenden Titeln:

Arbeitsgemeinschaft "Segeln mit Kindern, Jugendlichen und jungen Erwachsenen" an der Hochschule Lüneburg / Verein "Jugendschoner 'Hermine' e.V." (Hrsg.):
BERICHT ÜBER DAS SOZIALPÄDAGOGISCHE SEGELN. - Eine Zwischenbilanz -
Lüneburg 1986, 1. Aufl., 30 S. (ISBN 3-88456-029-8)

Arbeitsgemeinschaft "Segeln mit Kindern, Jugendlichen und jungen Erwachsenen" an der Hochschule Lüneburg / Verein "Jugendschoner 'Hermine' e.V." (Hrsg.):
SEGELN UND SOZIALPÄDAGOGIK.
Bericht über die Lüneburger Projekte - Eine Zwischenbilanz.
Lüneburg 1987, 2. erweiterte, ergänzte völlig neu bearbeitete Aufl., 33 S. (ISBN 3-88456-044-1)
Jörg W. Ziegenspeck (Hrsg.):
ERLEBNISPÄDAGOGIK.
Rückblick - Bestandsaufnahme - Ausblick.
Bericht über die Lüneburger Projekte und Dokumentation.
Lüneburg 1990, 3. erweiterte, ergänzte und völlig neu bearbeitete Aufl., 62 S. (ISBN 3-88456-065-4)]

Band 2: Jörg W. Ziegenspeck (Bearbeiter):
OUTWARD BOUND.
Gutachterliche Äußerungen für einen Löschungsantrag beim Deutschen Patentamt.
Lüneburg 1987, 62 S., EUR 3,-- (ISBN 3-929058-40-5)

Heft 3: Detlef Soitzek / Peter Weinberg / Jörg W. Ziegenspeck:
SEGELSCHIFF 'THOR HEYERDAHL'.
Eine schwimmende Jugendbildungsstätte.
Lüneburg, 1. Aufl. 1988; 2. Aufl. 1991, 80 S.,
3. unveränderte Aufl., EUR 4,25 (ISBN 3-929058-41-3)

[Die erste Auflage erschien 1988 unter gleich lautendem Titel im Verlag Klaus Neubauer, Lüneburg. – ISBN 3-88456-047-6]

Heft 4: Dorothee Loos:
SEGELN UNTER PÄDAGOGISCHEM ASPEKT.
Ein Literaturbericht.
Lüneburg 1989, 96 S., EUR 3,75 (ISBN 3-929058-42-1)

Heft 5: Reiner Hildebrandt (Hrsg.):
ERLEBNISORIENTIERTER SCHULSPORT.
Sechs Beiträge zur erlebnispädagogischen Praxis.
Lüneburg 1990, 72 S., EUR 4,-- (ISBN 3-929058-43-X)

Heft 6: Dietrich Kowalsky (Hrsg.):
DER MARTINS-PASS.
Internationales Freundschafts-Friedens-Freizeit-Tagebuch aus Nürnberg.
Lüneburg 1990, 72 S., EUR 3,75 (ISBN 3-929058-44-8)

Heft 7: Margrit Küntzel-Hansen:
MUSIKALISCHE FRÜHERZIEHUNG ALS ERLEBNISPÄDAGOGIK.
Lüneburg 1990, 28 S., EUR 3,-- (ISBN 3-929058-45-6)

Heft 8: Juliane Schmieglitz-Otten:
DAS BOMANN-MUSEUM CELLE.
Ein erlebnispädagogischer Lernort.
Lüneburg 1997, 40 S., EUR 4,25 (ISBN 3-89569-030-9)

[Die 1. Auflage erschien 1991 unter folgendem Titel im Verlag Klaus Neubauer, Lbg.
Juliane Schmieglitz-Otten:
DAS MUSEUM ALS ERLEBNISPÄDAGOGISCHER LERNORT.
Lüneburg 1991, 36 S., DM 6,-- (ISBN 3-929058-46-4)]

Heft 9: Klaus Miedzinski:
ERLEBNISPÄDAGOGIK IN SÜDAMERIKA.
Bericht über den Bau eines Spielplatzes im Slum.
Lüneburg 1991, 2. erw. Aufl. 1995, 72 S., EUR 5,-- (ISBN 3-89569-011-2)

Heft 10: Martin Firker (Bearbeiter):
"FLY JUIST".
(Motor-)Segelfliegen in der Erlebnispädagogik.
Lüneburg 1991, 72 S., EUR 3,75 (ISBN 3-929058-48-0)

Heft 11: Torsten Fischer:
DIE UNITED-WORLD-COLLEGES.
Modelle internationaler Internatserziehung
auf reform-pädagogischer Grundlage.
Lüneburg 1991, 28 S., EUR 3,-- (ISBN 3-929058-49-9)

Heft 12: Christian Salzmann:
REGIONALES LERNEN UND UMWELTERZIEHUNG.
Beispielhafte erlebnispädagogische Reflexionen.
Lüneburg 1991, 20 S., EUR 3,-- (ISBN 3-929058-50-2)

Band 13: Ulla Mehls (Hrsg.):
ERLEBNISPÄDAGOGIK ZU PFERD.
Beiträge zur Reittherapie und Heilpädagogik.
Lüneburg 1992, 148 S., EUR 11,25 (ISBN 3-929058-79-0)

Heft 14: Eckart Balz:
ERLEBNISPÄDAGOGIK IN DER SCHULE.
Schulleben - Schulsport - Schullandheim.
Lüneburg 1993, 2. unveränderte Aufl. 1996, 32 S.,
EUR 3,75 (ISBN 3-929058-81-2)

Heft 15: Helmut Schmerbitz / Wolfgang Seidensticker:
ERFAHRUNGSLERNEN IM SPORTUNTERRICHT
DER LABORSCHULE.
Theorie und Praxis einer pädagogischen Konzeption.
Lüneburg 1993, 29 S., EUR 3,-- (ISBN 3-929058-82-0)

Heft 16: Angela Hünke von Podewils:
ERLEBEN UND VERKÖRPERN.
Theaterspielen in der Erlebnispädagogik.
Lüneburg 1993, 58 S., EUR 6,25 (ISBN 3-929058-91-X)

Heft 17: Helmut Brückner (Hrsg.):
ERLEBNISPÄDAGOGISCHE PRAXISBEREICHE
AN DEN LANDERZIEHUNGSHEIMEN.
Berichte und Beispiele.
Lüneburg 1993, 86 S., EUR 9,25 (ISBN 3-929058-92-8)

Heft 18: Ulf Händel:
AUFBRUCH INS OFFENE
OUTWARD BOUND ALS EREIGNIS
Texte zur Erlebnispädagogik
Lüneburg 1995, 32 S., EUR 5,-- (ISBN 3-89569-007-4)

Heft 19: Jörg Ziegenspeck (Hrsg.) unter Mitarbeit von Anneke Riess:
FAHRT INS LEBEN.
Der "Outward Bound-Preis 1994":
Erlebnispädagogische Projekte stellen sich vor.
Lüneburg 1996, 127 S., EUR 11,25 (ISBN 3-89569-016-3)

Heft 20: Jörg Ziegenspeck (Hrsg.):
DAS MUSEUM ALS ERLEBNISPÄDAGOGISCHER LERNORT
Museumspädagogik in den Museen der Freien und
Hansestadt Hamburg und ihrer näheren Umgebung
Lüneburg 1997, 132 S., EUR 10,-- (ISBN 3-89569-022-8)

Heft 21: Bernhard Sieland:
HAST DU HEUTE SCHON GELEBT ?
Impulse zur Selbstentwicklung.
Lüneburg 2000, 176 S., EUR 7,50 (ISBN 3-89569-044-9)

Heft 22: Ernst-Rainer Lesch / Gabriele Jarochowski-Lesch:
LERNEN UNTER WASSER.
Theoretische und praktische Überlegungen zum Sporttauchen
als erlebnispädagogische Möglichkeit.
Lüneburg 2000, 81 S., EUR 6,25 (ISBN 3-89569-047-3)

Band 23: Frank Corleis:
DIE BEDEUTUNG VON NATURERLEBNISSEN IN DER SCHULE:
NATURERLEBNISPÄDAGOGIK ?
Lüneburg 2000, 147 S., EUR 9,75 (ISBN 3-89569-048-1)

Heft 24: Ernst-Rainer Lesch:
DRUCK MACHEN.
Das Herstellen von Druckgraphiken
als gemeinsames Tun und Erleben.
Lüneburg 2001, 72 S., EUR 7,25 (ISBN 3-89569-053-8)

Band 25: Margrit Berthold / Jörg W. Ziegenspeck:
DER WALD ALS ERLEBNISPÄDAGOGISCHER
LERNORT FÜR KINDER.
Lüneburg 2002, 126 S., EUR 9,75 (ISBN 3-89569-058-9)

Band 26: Lars Wohlers / Bruce Johnson:
EARTH EDUCATION.
Ein programmatischer Beitrag zum Erfahrungslernen.
Lüneburg 2003, 72 S., EUR 7,50 (ISBN 3-89569-060-0)

Band 27: Katrin Schlick:
NATURERLEBNISSPIELE.
Historischer Rückblick – spiel- und erlebnispädagogische Implikationen – Praxisvorschlag.
Lüneburg 2004, 96 S., EUR. 8,50 (ISBN 3-89569-064-3)

Band 28: Miriam Kaiser:
PFADFINDEN UND SCHULE.
Zur erzieherischen Bedeutung der Pfadfinderei
für den freizeitpädagogischen Bereich der Schule.
Lüneburg 2005, 112 S., EUR. 10,-- (ISBN 3-89569-065-1)

Band 29: Katarina Ammen:
ABENTEUER ZIRKUS.
Zur Bedeutung der Zirkuspädagogik in dEr Sekundarstufe I.
Eine Darstellung am Beispiel des Kinder- und Jugendzirkus "TABASCO" der "Rudolf Steiner Schule" in Lüneburg.
LÜNEBURG 2006, 120 S., EUR. 11,50 (ISBN 3-89569-067-8)

Band 30: Michael Bieligk (Hrsg.):
ERLEBNISPÄDAGOGISCHE INDOOR-MASSNAHMEN
IM SPORTUNTERRICHT.
Zwölf Beiträge zur Diskussion.
Lüneburg 2006, 129 S., EUR. 11,50 (ISBN 3-89569-68-6)

Band 31: Frank Corleis (Hrsg.):
WALD : SCHULE.
DER WALD ALS RESSOURCE EINER BILDUNG
FÜR EINE NACHHALTIGE ENTWICKLUNG IN DER SCHULE.
Lüneburg 2006, 232 S., EUR. 15,00 (ISBN 3-89569-069-4)

Band 32: Lars Wohlers (Hrsg.):
MANAGEMENT IN DER INFORMELLEN UMWELTBILDUNG
Lüneburg 2006, 120 S., EUR. 11,50 (ISBN 3-89569-070-8)

Band 33: Kirsa Weidemann, Frank Corleis (Hrsg.):
ABENTEUER MACHT SCHULE : PROJEKTDOKUMENTATION
UMWELTBILDUNGSANGEBOTE MIT ERLEBNISPÄDAGOGISCHEN ELEMENTEN
FÜR HAUPTSCHÜLERINNEN UND HAUPTSCHÜLER
Lüneburg 2006, 108 S., EUR. 10,00 (ISBN 3-89569-071-6)

Band 34: Anja Marquardt:
DER BAUERNHOF ALS ERLEBNISPÄDAGOGISCHER LERNORT.
EINE WISSENSCHAFTLICHE STUDIE.
Lüneburg 2006, 73 S., EUR. 8,00 (ISBN 3-89569-072-4)

Band 35: Josef Broich (Hrsg.):
THEATERPÄDAGOGIK. ZWÖLF BEITRÄGE ZUR DISKUSSION
Lüneburg 2007, 128 S., EUR. 10,00 (ISBN 3-89569-073-2)

Band 36: Marion Rolle, Magda Schumacher, Frank Corleis (Hrsg.):
WELTREISE EINER JEANS – AUF DEN SPUREN UNSERER KLEIDUNG
Lüneburg 2007, 192 S., EUR. 12,50 (ISBN 3-89569-074-0)